大都會文化
METROPOLITAN CULTURE

大都會文化
METROPOLITAN CULTURE

大都會文化

METROPOLITAN CULTURE

大都會文化
METROPOLITAN CULTURE

進退之間

活出工作的美好價值，
關鍵元素就在你、我、他！

前言

做人有做人的法則和技巧，做事有做事的規律和竅門。作為一個現代人，在商業社會裡打拚，只有熟練掌握這些法則、規律、技巧和竅門，才能步入成功者的行列。

天下最難的是做人，不會做人的人，就不可能贏得人生勝局。這不是大話，而是實話。對於現代人而言，「會做人」有兩個層面的意思，一是「做好自己」，講的是要有好的人品、有敬業精神、有合作精神、有情義、有擔當等；另一是「搞好人際」，講的是待人接物、為人處事與人際關係。做人的成敗與做事的成敗密切相關，所以美國哈佛大學著名行為學家皮魯克斯有一句名言：「做人是做事的開始，做事是做人的結果。把握不住這兩點的人，永遠都是邊緣人！」的確，只有精通做人的道理，經過做人的歷練，才能胸懷大智、心裝大事，才能通過健全的心智、充沛的精力以及正確的行動，求得事業的成功。

成功之道，在以德而不以術，以道而不以謀，以禮而不以權。成大事的人往往都有一顆謙虛謹慎的心，都是不把自己的真正實力暴露出來的人。做人做事不鋒芒畢露，不狂妄，不驕不躁，韜光養晦，大智若愚，大巧若拙。

俗話說，飯要一口一口地吃，事要一件一件地做。做人踏實本分，才能獲得別人的尊重，自己也能夠問心無愧。所謂成就感並非是一步登天，而是在一步一步走過後，回頭再看來路時那發自內心的欣慰與愉悅之情。一步步走來，切勿急切行事，用心急躁，急功近利的人是做不了什麼大事的。

你種下什麼，收穫的就是什麼。

成功者之所以成功，在於做人的成功！

失敗者之所以失敗，在於做人的失敗！

無論如今你的人生事業處在什麼階段，人生總歸是在「進退之間」遊走，用心研讀並遵循本書給你的忠告，你將自覺受益終身。

目錄

第二章

做人不以態度為退

第三章 工作不以固執為進

第四章 工作不以人際為退

第五章 人生就在進退之間

第一章

做人不以情緒為進

不要成為感情的奴隸

情感是人類的寶貴特質，每個人都有七情六欲，既淺薄又深厚，既純真又費解，就像一隻無形的手，無時無刻都在左右著你對各種事情的處理。但是，情感的表現絕不是體現在感情用事上，因為如果那樣，許多事情都將令你後悔莫及。

在英國文豪莎士比亞著名的戲劇《奧賽羅》當中，男主角奧賽羅就是由於感情用事、缺乏理智，一味輕信小人伊阿古的讒言，而親手殺死了自己心愛的妻子苔絲狄蒙娜。當事情真相大白後，奧賽羅終於明白自己冤枉了妻子，後悔不已，最終以自殺來向妻子謝罪。

這雖然是藝術創作，但誰也不能否認，現實生活中確實存在著這樣的悲劇。所以一個真正有理智的人是不會輕易讓自己受情感所控制，在處理事情時也絕不會感情用事，以致於缺乏冷靜思考。

當我們遇事，不管是大事還是小事，千萬要冷靜，切不可感情用事，因為只要冷靜思考，就會找到更好的解決辦法，結果通常也都是好的。

例如，當你與朋友因為某個問題而爭吵起來，你可能是有理的一方，但你的朋友卻蠻不講理，對你步步相逼，這時你很可能壓抑不住自己想動手的衝動。可是如果你強迫自己冷靜一下，控制住情緒，或是暫時避開一會（這絕不是示弱），等對方也平靜下來，再與他講道理，那麼你既可以不失去這個朋友，也可以表現出你的大度。

反之，假如你控制不住自己，與朋友大打出手，可能失去朋友不說，還可能釀成惡果，得不償失。

當然，我們說遇事要冷靜，並不等於做事猶豫遲疑、毫不果斷。遇事冷靜只是做事前的充分準備，而且冷靜所需要的時間並不長，可能只是幾分鐘或幾秒鐘，但這短短幾分鐘或幾秒鐘非但不會延誤時機，反而會培養你在關鍵時刻的果斷力，使你在緊急關頭能夠當機立斷、正確地處理問題。

人的感情很複雜，並不容易掌握，這就是為什麼我們需要提高理智來控制、把握感情的流向，在需要的時候讓它安詳寧靜一會。情感作為一種超自然能量，它既有源也有限，假如你總是超越理智地無限度宣洩，不懂得控制自己，那麼你的感情早晚也會枯竭，而變成一個感情缺乏的人。因此，適時讓感情平靜下來，在寧靜中回味、思索一下，才不至於在人生的路上妄自宣洩。

感情用事者多是感情不成熟之人，也許有人會問：「感情也會成熟嗎？」是的，人的感情也像果實一樣，有一個熟成的過程。那麼，什麼樣的人才算感情成熟呢？

首先，感情成熟的人能面對現實，勇於接受挑戰，而非自我陶醉於幻想之中，對前途不過分樂觀或悲觀，均持審慎的態度，不憑直覺，悉依實際，因而有良好的判斷。

其次，感情成熟的人，沒有孩提時代的依賴，能自覺自愛、自立自強，每遇困難，自謀解決不求他人的同情與憐憫。因為性情恬逸，所以得失兩忘，享得繁華，耐得寂寞，能冷靜地支配運用感情，也能有效地控制其昇華。

這雖然不能全面地概括感情成熟的人，但用於一般衡量自己的標準，還是適用的。

人生很坎坷，有許多阻礙我們的事物，如果我們的感情還很幼稚，那麼為人處事，成就事業，就很難獲得成功。當然，感情的成熟需要一個過程，它是人的感情與生活經驗，以及人生觀、價值觀、幸福觀的具體體現，同時又與個人的氣質、心理、修養有關。

因此，從現實的角度來講，不管是年輕人還是老年人，不管是從事什麼樣職業的人，都應該努力培養自己的感情，因為那樣會使你的家庭更幸福，事業更輝煌。切忌做感情的奴隸，努力做一個情感成熟的人！

不要讓憤怒情緒暴衝

做人一般有兩種類型，一是理智型，一是情緒型。前者能夠控制自己的情緒，冷靜處理所面臨的問題，後者則動輒憤怒，不計一切後果。我們知道，憤怒在人的情感中，是最容易壞事的一種，若你是一個欲成大事者，就應該力戒讓憤怒情緒從你身上衝出來。

憤怒同其他情緒一樣，不會無緣無故產生，而是一個人經歷挫折和不愉快後，對與自己願望不相一致的現實所產生的消極反應。事實上，極端憤怒就是一種精神錯亂——每當一個人不能控制自己的行為時，便有些精神錯亂；而每當他氣得失去理智時，便會暫時處於完全的精神錯亂。

一個人遇到不如意的事情時，總會告訴自己，事情不應該這樣或那樣。於是開始感到沮喪、灰心，最後以自己所熟悉的憤怒來反應，因為自己認為這樣會解決問題。然而，事實卻不是如此。

憤怒情緒總會阻止一個人把事情做好，憑著一怒之氣行事者則大多以失敗收場，歷史上不乏有這樣的例子。

三國時期，孫權命呂蒙為主帥偷襲荊州，關雲長失守，敗走麥城被殺，此事激怒了劉備，遂決定起兵攻打東吳，趙雲上諫說：「國賊是曹操，非孫權也。宜先滅魏，則吳自服，操身雖斃，子丕篡盜，當因眾心，早圖中原……不應置魏，先與吳戰。兵勢一交，不得卒解也。」

《三國演義》裡也描述諸葛亮上表諫曰：「臣亮等竊以吳賊逞奸詭之計，致荊州有覆亡之禍；隕將星於鬥牛，折天柱於楚地，此情哀痛，誠不可忘。但念遷漢鼎者，罪由曹操；移劉祚者，過非孫權。竊謂魏賊若除，則吳自賓服。願陛下納秦宓金石之言，以養士卒之力，別作良圖。則社稷幸甚！天下幸甚！」

可是劉備看完後，仍氣憤地把表擲於地上，說：「朕意已決，無得再諫。」劉備不聽眾臣之諫，執意起大軍東征，最終導致兵敗，造成國家元氣大傷，逐漸失去蜀國在三國鼎立之中的制衡力量，因小失大，得不償失。

從這件事可以看出，人在關鍵時刻是不能讓怒火左右情感的，不然你將會為此付出慘痛的代價。

憤怒並不能幫助人解決任何問題，所以我們不該時時表露出自己的憤怒情緒，更不該對這種情緒留戀不捨。

每當一個人以憤怒來應對他人的行為時，總會在心裡嘀咕：「你為什麼不照我的話做呢？這樣我就不會動怒，可能還會喜歡你。」然而，他人不會永遠像你希望的那樣說話、辦事，實際上，他們在大多數情況下都不會按照你的意願行事，這是永遠不會改變的現實。

因此，你大可不必動怒，只要想想別人有權以不同於你所希望的方式說話、行事，你就會對世事採取更為寬容的態度。對於別人的言行，你或許不喜歡，但絕不應動怒。動怒只會使別人繼續氣你，並導致自己生理與心理上的病症。你完全可以做出選擇——要麼動怒，要麼以新的態度對待世事，最終消除憤怒。

明朝王陽明曾說過，當憤怒達到沸騰時，凡人皆很難克制住，非「天下大勇者」便不能做到。中國古語講「小不忍則亂大謀」，如果你同對方一樣發怒，你就該想想這種爆發會產生什麼後果，這時你就應該努力克服怒氣，無論這種自制是如何吃力。

在法國曾發生過這樣一則故事：

阿蘭·馬爾蒂是法國西南小城塔布的一名員警，有天晚上身著便裝來到市中心的一間菸草店門前，準備到店裡買包香菸，這時店門外一個叫埃里克的流浪漢向他討菸抽，馬爾蒂說他正要去買菸，於是埃里克認為馬爾蒂買了菸後應該會給他一支。

當馬爾蒂出來時，喝了不少酒的流浪漢一直纏著他討菸，但馬爾蒂不給，兩人便發生了口角。隨著雙方的互相謾罵和嘲諷，兩人情緒皆逐漸激動。馬爾蒂掏出了警官證和手銬，說：「如果你不老實點，我就給你一些顏色看。」

埃里克反唇相譏：「你這個混蛋員警，看你能把我怎麼樣？」在言語的刺激下，兩人扭打成一團。旁邊的人趕緊將兩人分開，勸他們不要為了一支香菸而發那麼大的火。

被勸開後的流浪漢罵罵咧咧地向附近一條小路走去，他邊走邊喊「臭員警，有本事你來抓我呀！」憤怒不已、失去理智的馬爾蒂最後拔出槍，衝過去朝埃里克連開四槍，埃里克最終倒在血泊之中。

法庭後來以「殺人罪」對馬爾蒂作出判決，他必須服刑三十年。

一個人死了，一個人坐牢，起因只是一支香菸，而罪魁禍首則是失控的激動情緒。生活中我們常見到當事人因不能克制自己，而引發爭吵、打架，甚至流血衝突的情況。有時僅僅是因為你不小心踩了我的腳，或一句話說得不得當，就引起衝突。

人遇到外界的不良刺激時，難免情緒激動、發火、憤怒，這是人的一種自我保護本能和心理反應。但不可放縱這種激動的情緒，因為它可能使我們喪失冷靜和理智，使我們不計後果地行事。

下面是消除憤怒情緒的幾種具體方法：

1. 自我意識

當你憤怒時，首先冷靜思考，提醒自己不能因為過去而一直消極看待事物，現在也必須如此，自我意識是至關重要的。

2. 假裝動怒

當你想用憤怒情緒教訓人時，可以假裝動怒，提高嗓門或板起面孔，但千萬不要真的動怒，讓憤怒帶來的生理與心理痛苦折磨自己。

3. 學會包容

當你發怒時，提醒自己，人人都有權根據自己的選擇來行事，如果一味禁止別人這樣做，只會加深你的憤怒。你要學會允許別人選擇其言行，就像你堅持自己的言行一樣。

4. 友人協助

請可信賴的人提醒你，每當他們看見你動怒時，便提醒你。你接到信號之後，可以想想看你在幹什麼，然後努力推遲動怒。

5. 冷靜十秒

當你要動怒時，花幾秒鐘冷靜地描述一下你的感覺和對方的感覺，以此來消氣。最初十秒是至關重要的，一旦熬過這十秒，憤怒便會逐漸消失。

6.調整期待

不要總是對別人抱有不當的期望，只要沒有這種期望，憤怒也就不復存在了。

7.改變心態

憤怒常常是虛榮心強、心胸狹窄、感情脆弱所致，對此，可以用疏導的方法將煩惱與怒氣導引到更高層次，昇華到積極的追求上，以此激勵起發奮的行動，達到轉化的目的。

8.主動控制

用自己的道德修養、意志修養緩解和降低憤怒的情緒。在要發洩怒氣時，心中默唸：「不要發火，息怒、息怒。」會收到一定的效果。

切勿讓自己處於心浮氣躁

人心浮躁，靜不下心來做事，不僅會一事無成，而且容易鑄成大錯。

一個人必須修身養性，培養自己的浩然之氣、容人之量，保持自己的高遠志向。同時要抑制急躁的脾氣、暴躁的性格。做事要戒急躁，人一急躁必然心浮，心浮自然就無法深入事物的內部、仔細研究和探討事物發展的規律，更無法認清事物的本質。心浮氣躁，辦事不穩，差錯也自然會多。

不少人辦事都想一蹴而就，他們似乎忘了一點，欲速則不達，做什麼事情都有一定的規律，得按一定的步驟行事。

浮躁會帶來很多危害，中國傳統文化的精要就在於以靜制動，處安勿躁。想有所作為，而又不能馬上成功，就會產生急躁情緒；本以為把事情辦得很好，誰知忽然節外生枝，一時又無法處理，必然生出急躁之心；因為他人的過錯，給自己造成了一定的麻煩，心氣不順，也會產生急躁；望子成龍，盼女成鳳，天下父母心皆然，但偏偏兒女不爭氣，心中也同樣急躁。

無論是哪一種情況產生的急躁，其實對人對己都沒有好處。浮躁之氣生於心，行動起來態度就會簡單粗暴、徒具匹夫之勇，這樣不是太糊塗了嗎？

輕浮、急躁，對什麼事都無法深入，只知其一，不究其二，往往只會給工作、事業帶來損失。戒急躁就是要求我們遇事沉著、冷靜，多分析思考，然後再行動。如果站在這山看著那山高，做什麼都不穩定，最後將毫無所獲。

天下成大事業者，無不是專一而行，專心而攻。博大自然不錯，精深才能成事。只有精深，才能在某一個領域中成為專門人才，但前提是必先克服浮躁的毛病。

無論什麼事都不可能毫不費力就取得成功，急於求成，只會害了自己。忍浮躁確實不容易，要有頑強的毅力，才能做到這一點，但只要有決心、有信心，胸中有個遠大的目標，小小的浮躁又有什麼不能忍的呢！

要在社會上安身立命，如果太輕易暴露自己的情感就容易受到傷害，人應該學會保護自己。

不同的人在對人對事的態度都會不同，掌握一定權力的人，把自己的喜怒經常流露給下級，下級則會投其所好，而掩蓋事物的真正本質。普通人過於直率地表露自己的情感，則顯得膚淺，也容易開罪於人。

所以要忍耐住自己的情緒，不要過多地暴露出來。

沮喪抑鬱時不可決斷大事

人在感到心情沮喪的時候，也千萬不要著手於解決重要的問題，更不要對影響自己一生的大事做決斷，因為那種沮喪的心情會使你的決策陷入歧途。

一個人在精神上受了極大的挫折或感到沮喪時，需要暫時的安慰，在這個時候，他往往無心思考其他任何問題。想想前面提過的劉備，他的憤怒其實正來自於他失去兄弟的悲傷與沮喪。而日常生活中，當女人受到了極大痛苦後，決定去嫁給自己並不真心愛著的男人，這就是一個很好的例子。

有很多人在受到深度的刺激和痛苦時會想到自殺，即便他們知道痛苦是暫時的，以後必然能從中解脫出來。而有些人會因為事業遭受暫時的挫折而宣告放棄，但有些時候只要他們繼續努力下去，就有機會可以完全克服困難，戰勝挫折，最終獲得成功。因此，當人們的身體或心靈受著極大痛苦時，往往就失去了正確的見解，也不會做出正確的判斷。

在希望澈底斷絕、精神極度沮喪的時候，我們要學習做一個仍然能夠善用理智的樂觀者，雖然這是一件很困難的事情，但就是在這樣的環境裡，才能真正顯示出我們究竟是怎樣的人。

那麼，在什麼時候最能顯示出一個人是否有真實才幹呢？當一個人事業不如意，朋友們都勸他放棄，說他註定無法成功時，說他多麼愚蠢時，他並不受情緒干擾而阻礙自己做出正確的評估，而是認清自己的能力，堅持把握機會，以堅毅的精神努力地工作著，這才最能顯出他的真實才幹來。

他人都已放棄了，自己還是堅持；他人都已後退了，自己還是向前進；眼前沒有光明、希望，自己還是努力不懈——這種精神，才是一切偉大人物能夠成功的原因。

在日常生活中，我們常聽見一些上了年紀的人說這樣的話：「假使我一開始就努力，即便遇到挫折，仍照著自己的志向去做，恐怕已經有所成就了。」許多人都是在壯志未酬和悔恨中度過自己的晚年，這種悔不當初的懊喪，都是由於他們年輕時的立志不堅，一受挫折便終止了自己的努力。

所以，不管前途是怎樣黑暗、心中是怎樣愁悶，總要等待憂鬱過去之後，才決定你在重大事件上的步驟與做法。在悲觀的時候，千萬不要解決有關自己一生轉折的問題，這種重要問題總要在身心最快樂、最得意的時候去決斷，因為那需要最清醒的頭腦和最佳的判斷力。

人在腦中一片混亂、深感絕望的時候，乃是一個人最危險的時候，因為在這時人最易做出糊塗的判斷、糟糕的計畫。如果有什麼事情要計畫、決斷，一定要等頭腦清醒、心神鎮靜的時候。

在恐慌或失望的時候，人就不會有精闢的見解，就不會有正確的判斷力。因為健全的判斷，基於健全的思想；而健全的思想，又基於清楚的頭腦、愉快的心情。因此，憂慮、沮喪時千萬不要作出重大決斷。一定要等到自己頭腦清醒、思想健康的時候，再來計畫一切。

人在感到沮喪的時候，精神便會分散，無法集中起來。態度上的鎮靜、精神上的樂觀和心智上的理性是消除沮喪、進行健全思考的前提。

別被壞心情所奴役

任何人都會無緣無故地情緒低落起來，碰到那種日子，你就會感到事事不合意，你會憎恨生命，甚至是自己的髮型。平服自己的心情，是基本的生活技術，任何一個人都可以學會，以下就是讓你拋棄壞心情的方法：

1. 運動流汗

也許你根本就不相信，無論是輕微的週期性情緒低落，還是嚴重得要見醫生的精神抑鬱，運動都可以幫上一把。

一個保險經紀人每逢心情低落時，便跑去游泳。游它幾百公尺後，回家便倒頭大睡。第二天早上醒來，好像不開心的事都趕走了。

讓自己忙碌做一些事情，不管它是不是小事，如把光碟分類貼標籤，這也可以讓你感到有一點成就感；或者從工作清單中刪減專案，這樣不至於讓你感到一事無成。

可是，你要避免做一些讓你生厭的工作，假若把光碟分類會讓你更煩躁暴戾，那你還是去為你的愛犬修剪毛髮吧。

2.善待自己

去美容院做一個臉部按摩或全身SPA，或者到髮廊洗頭、換新髮型，總之，當心情差的時候，善待一下自己，提醒自己「我是值得寵愛的」。

3.認知重組

學習從另一個角度看事物，這就是專家們所說的認知重組。你錯過了升職機會，但你仍是個好妻子、網球高手和插花專家。把你這些長處一一列在紙上並放在錢包裡提醒自己。

4.暫離自己

換一身衣服，跟著音樂大唱大跳，或者閉上眼睛，聽著輕柔的音樂「靜坐」，暫時「離開」一下自己，悶氣亦會隨之減少。

5.主動出擊

哪個朋友兩個星期沒來電話了？「他從來就不喜歡我。我再沒有其他朋友，我很寂寞。」你必須擺脫這種想法。相反，你要告訴自己：「我有很多愛護我的朋友，同樣，我也有很多值得關心的朋友。」

之後，約一位你曾經承諾「我會找你」的朋友共進午餐，即使那已是數月前的事情，你可以藉此來顯示自己是受歡迎的。

6. 實現夢想

切實做一些你經常說「會」做的事情，例如，收拾行李去國外旅行。有什麼比實現夢想更讓你振奮的，以輕鬆的心情去克服孤獨吧！

學習當個忍者

在社會上闖蕩，「忍」字很重要，因為一個人不可能在任何時間、任何場合下都事事如意，有些事情怎麼也無法解決，有些事情可能也沒法很快解決，所以你只能忍耐！動輒出氣的人雖然可以解除一時的心理壓力，但從長遠來看，他會斷送了自己的前程。

歷史上最有名的「能忍」之例，就是韓信忍受的胯下之辱，當時韓信落魄潦倒，無心也無力與惡少相爭，只好忍辱從惡少胯下爬過。孫臏忍龐涓之辱也是歷史有名，裝瘋賣傻，就怕龐涓把他殺了。

這兩位忍受大辱，其結果如何？韓信留下有用之身，終於成為大將，如果他當時鬥氣，恐怕要被惡少打死；孫臏保住一命，最終收拾了龐涓！如果他當時不能忍，早就沒命了。還有越王勾踐，臥薪嚐膽二十年，為的就是將來東山再起。

韓信也好，孫臏也好，越王勾踐也好，都是「忍一時之氣，爭千秋之利」，這一點值得當今那些年輕氣盛者好好學習一番。如今的年輕人，動輒與人出口相罵，大打出手，稍遇不公，就奮力相爭，當然他們並不是沒有道理，但是一定要考慮其後果。

當你處於弱勢時，就很難有自己的施展空間，仿佛困獸一般。有些人碰到這種情形，常常任憑自己的性情，依情緒行事，如被人羞辱了，乾脆就和他們幹一架；被老闆罵了，乾脆就拍他桌子，丟他東西，然後自動走路！

不敢說這麼做就會毀了你的一生，因為人生的事很難說，有時甚至會「因禍得福」！但沒有忍性，絕對會給你的事業造成負面的影響，而且現實中「因禍得福」者並不多，大部分人都不甚如意，總是到了中年才會感歎地說：「那時真是年輕氣盛啊！」

這裡倒不是說不能忍的人命運就不好，而是不能忍的人走到哪裡都不能忍氣、忍苦、忍怨、忍罵，總是要發作、要逃避、要抗拒。因此，當你身處困境、碰到難題時，想想你的重大目標吧！為了大目標，一切都可以忍！千萬別為一時之氣而丟掉長遠的目標。

人的一生當中會遇到很多問題，如果你能忍一忍，並學會控制自己的情緒和心志，以後即使碰到大問題，自然也能忍受，也自然能忍到最好的時機再把問題解決，這樣才能成就大事業！

當然，我們要把能忍之人與人們平常所說的「窩囊廢」區分開來，千萬不要去做後者。人要有一身正氣，碰到你公正有理之事時，要先據理力爭，以正壓邪，不能輕易就喪失一個人的人格。

也就是說，忍也要看對象、範圍和程度。大事忍，小事也忍，無理時忍，有理時也忍，這就真是一個「沒用貨」了。

從今天開始，好好練習你的「忍術」吧，因為你的一生還有更長的路要走，還有更大的目標等著你去實現！

因此，我們在遇到事情或面對人際矛盾時，要學會克制與忍耐。如果你忍受不了別人的刺激，又快如火山一樣爆發，就試試過去美國總統傑弗遜所教的方法：「生氣時，先數到十再開口，如果非常憤怒，則先數到一百。」

學會控制自己的情緒

能夠很好地控制自己情緒的人，才能成就大事業。練就「變臉如翻書」也是一種圓融的處理姿態，否則不易和人相處。

有一些做大生意的成功者，深深地領會「變臉」功夫的重要性。

比如有人在他辦公室的會客室等他，隱約聽到他在電話裡和別人爭吵，也許心想，來得真不是時候！

過了一會兒，他出來了，竟然滿臉笑容，看不出任何剛剛和人爭吵的痕跡。坐了不到三分鐘，有員工進來問他事情，他立刻擺上一張嚴肅的面孔，連聲調都充滿了權威。

離開他的辦公室，想想看，他用笑臉接待客人，當客人離開後，他會換上哪一張臉？而他用來接待客人的笑臉是真心的嗎，還是根本是皮笑肉不笑？

不管如何，變臉功夫有其必要性。試想，如果他用剛剛和人吵架的怒臉來接待客人，話還說得下去嗎？沒弄好，客人也要和他吵架哩！而他若老是和顏悅色，恐怕員工也會失去對他的敬畏吧！

從世俗來看，這種「變臉如翻書」有點讓人覺得不可捉摸，缺乏一種真誠；但從現實來看，隨環境的變化而翻臉，不也是一種圓融的處世姿態嗎？在複雜的社會裡，若無變臉的功夫，怎能同時與許多不同的人相處呢？

總結來說，擁有變臉的功夫，在社會裡生活有如下的好處：

1. 避免別人的誤會

例如，若把剛剛跟人吵架的怒顏拿來面對客戶，客戶如果不瞭解，會誤認為你對他的來訪不耐煩，你若無合理的解釋，恐怕對方會拂袖告辭！同樣，在不該嚴肅的場合嚴肅，在不該輕鬆的地方輕鬆，也都不是正確的做法，因為這會讓別人誤解你。

2. 隱藏自己的私密

你的情緒如果老是寫在臉上，喜怒毫無掩飾，別人一看就知道你心裡想什麼，有心人只要用話一套，你就有可能把事情的來龍去脈說出來，這是比較犯忌的。這種人說好聽是率直如赤子，說難聽一點是對情緒和秘密缺乏把關力度，會給別人「辦事不牢靠」的印象。

具有變臉功夫固然重要，但要學到這功夫並不容易。因為喜怒哀樂這些情緒都是難以掩飾的，有些人可以做到該哭就哭，欲怒則怒的地步，這種變臉的功夫可說已出神入化。

如果你做不到，能做到以下的程度也就可以了：隨時能從哭臉、怒臉轉變成笑臉，以笑臉來面對外面的世界。

要瞭解，無論你有多哀傷、多憤怒，除非是你的至親好友，否則不會有人對你的喜怒哀樂有興趣，並進一步表示關懷，更不可能傾聽你的哀傷或憤怒。你若看不清這點，不但會造成自己極大的壓力，也會留給對方極壞的印象，對方會下意識地看輕你。

擁有迅速而果決的判斷力

社會上最受歡迎的人是那些有巨大創造力與非凡經營能力的人。有些人往往只知道按部就班地聽從人家吩咐，去做一些已經計畫妥當的事情，而且凡事都要有人詳細指示。

唯有那些有主張、有獨創性、肯研究問題、善經營管理、有準確判斷力的人才是人類的希望，也正是這種人，充當了人類的開路先鋒，促進了人類的進步。

一個判斷力準確迅速而堅決的人，他的發展機會要比那些猶豫不決、模棱兩可的人多得多。所以，請盡快拋棄那種遲疑不決、左右思量的不良習慣吧！這種不良習慣會使你喪失一切原有的主張，無謂地消耗你的所有精力。

但這也是年輕人最容易染上的可怕習慣，遇到事情時，明明已經詳細計畫好了，考慮過了，也已經確定了，但有些人仍然畏首畏尾、瞻前顧後而不敢採取行動，還要重新從頭考慮，徵求各處的意見，東看西瞧，左思右量，翻來覆去，沒有決斷。

最後，腦子裡各種念頭越來越多，自己對自己就越來越沒有信心，不敢決斷。後果就是，人的精力逐漸耗盡，終於陷入完全失敗的境地。

一個希望取得全面成功的人，一定要有一種堅決的意志，絕不可染上優柔寡斷、遲疑不決的惡習。在工作之前，必須要確信自己已經打定主意，即使遇到任何困難與阻力，或發生一些錯誤，也不可升起懷疑的念頭，準備撒腿就走。

我們處理事情時，事先應該仔細地分析思考，對事情本身和環境下一個正確的判斷，然後再做出決策；而一旦決定做出之後，就不能再對事情和決策發生懷疑和顧慮，也不要管別人說三道四，只要全力以赴地去做就可以了。

做事的過程中難免會發現一些錯誤，但不能因此心灰意冷，應該把困難當教訓、把挫折當經驗，要自信以後會更順利，而成功的希望也就更大。在做出決定後，還心存疑慮、反復猜疑的人，無異於把自己推入一種無可救藥的沼澤中，最終只好在痛苦和懊惱中結束他的一生。

有些人無法成功，並不是缺乏創立一番事業的能力，而是因為他們的判斷力太差了。他們好像沒有自主自立的能力，非得依賴他人，這些人即使遇到任何一點微不足道的事情，也要東奔西走去詢問親友鄰人的意見，而自己的腦子裡儘管時時牽掛但並無主見。於是，越和人商量，越不能確定主意，越是遲疑不決，結果就弄得越不知所措。

大凡成功者須當機立斷，把握時機。一旦對事情考察清楚，並制定了周密的計畫後，他們就不再猶豫、不再懷疑，能勇敢果斷地立刻去做。因此，他們對任何事情往往都能做到駕輕就熟、馬到成功。

造船廠裡有一種力量強大的機器，能把一些破爛的鋼鐵毫不費力地壓成堅固的鋼板；而善於做事的人就與這部機器一般，他們做事異常敏捷，只要他們決心去做，任何複雜困難的問題到了他們手裡都會迎刃而解。

一個人如果目標明確、胸有成竹、有自信力，那麼他絕不會把自己的計畫拿來與人反覆商議，除非他遇到了在見識、能力等各方面都高過他的人。在決策之前，他都會前前後後地仔細研究，然後制定計畫，採取行動；這就像前線作戰的將軍首領必須仔細研究地形、戰略，而後才能擬定作戰方案，隨後再開始進攻。

一個頭腦清晰、判斷力很強的人，一定會有自己堅定的主張，他們絕不會糊裡糊塗，更不會投機取巧，他們也不會永遠處於徘徊當中，或是一遇挫折便賭氣退出，使自己前功盡棄。只要作出決策、計畫好的事情，他們一定勇往直前。

英國當代著名軍人基欽納就是一個很好的例子。這位沉默寡言、態度嚴肅的軍人勇猛如獅、出師必勝，他一旦制定好計畫，確定了作戰方案，就會集中心思運用他那驚人的才幹，鎮定指揮，絕不會再三心二意地去與人討論、向人諮詢。

在著名的南非之戰中，基欽納率領他的駐軍出發時，除了他的參謀長外誰也不知道要開赴哪裡。他只下令，要預備一輛火車、一隊衛士及一批士兵。此外，基欽納聲色不動、滴水不漏，更沒有拍電報通知沿線各地。

那麼，他究竟要去哪裡呢？士兵們也不知道。戰爭開始後，有一天早晨六點鐘，他忽然神秘地出現在卡波城的一家旅館裡，他打開這家旅館的旅客名單，發現幾個本該在值夜班的軍官的名字。

他走進那些違反軍紀的軍官的房間，一言不發地遞給他們一張紙條，上面簽署了自己的命令：「今天上午十點，專車赴前線；下午四點，乘船返回倫敦。」基欽納不聽軍官們的解釋和辯白，更不聽他們的求饒，只用這樣一張小紙條，就給所有的軍官下一個警告，起到了殺一儆百的作用。

基欽納有無比堅定的意志和異常鎮靜的態度，他深知自己在戰時所負的重大使命。因此，他為人處世嚴謹而端正，公正無私，指揮部下時也從不偏袒，做任何事情非至成功絕不罷手。從這些地方，就可以看出基欽納的偉大魄力和遠大抱負。

這位馳騁沙場、百戰百勝的名將待人卻很誠懇親切，非常自信，做起事來專心致志，富有創見，也極富判斷力，為人機警，反應敏捷，每遇機會都能牢牢把握並充分利用。他真是一個嚮往獲得全面成功者的最好典範！

保持清醒的頭腦

在任何環境、任何情形之下，保持頭腦清楚；在人家失掉鎮靜時保持著鎮靜；在旁人都在做愚蠢可笑的事時，仍保持正確的判斷。能夠這樣做的人，總是具有相當的鎮定力，是一種平衡而能自制的人。

容易頭腦模糊的人，在面臨突發事件，或承受重大壓力時，就會驚惶失措。這樣的人是一個弱者，是不足委以重任的。

在別人束手無策時知道怎樣想辦法的人，在別人混亂時仍然鎮靜的人，在大責任擱在肩上、大壓力加在身上不會慌張混亂的人，才會為人歡迎，為人重視。

在各機構組織中，常常有這樣的情況：某人在各方面的能力或許還不及別的職員，但反而會突然升上重要的位置，因為老闆在意的並非「才華」，而是他們清醒的頭腦、健全的理智及正確的判斷力。

老闆最需要的是那種頭腦清晰、實事求是，不但能空想，更能真正做事的人，所以他往往忽略那些大學畢業生、學者與天才。他知道，他的業務之安全、機構之柱石，就繫於那些有正確判斷力與健全理智的職員。

頭腦清晰、精神平衡的人，不因環境情形變更而有所改變。金錢的損失、事業的失敗、憂苦與艱難，都不足以破壞他的精神平衡，因為他有自己的主見。他也不會小有成功、小有順利而傲慢自滿起來。

不管處在何種環境之下，有一件事是每個人都可以做到的，這就是腳踏實地，即使跌倒也可立刻站起來，而不致失去平衡；我們應該在別人都慌張忙亂的時候，仍能鎮定如常、思慮周詳。這能給予我們以很大的力量，並在社會裡占有重要的地位。

因為唯有頭腦清楚的人，能在驚濤駭浪中平穩地駕駛船隻的人，才是社會大眾願意付以重任、委以大事的人。動搖的人、猶豫的人、沒有自信的人，臨到難關就要傾跌、遇到災害就要倒地的人，一個不經風雨的人，就像年幼膽小的姑娘一樣，只能在風平浪靜之日駕駛扁舟。

冰山在任何情形之下，都不失其恬靜與平衡，是值得我們學習的絕佳榜樣。不管狂風吹打得怎樣厲害，不管巨浪衝擊得怎樣猛烈，它從不會動搖，從不會顛簸，從不會顯出一絲受震盪的跡象！

因為它十分之七的巨大的體積，是淹沒在水面之下。它巨大的體積平穩地藏在海洋之中，非驚濤駭浪之勢力所能及。這種水面下的巨大隱藏力與偉大的「運動量」使得暴露在水面的一部分冰山，可以不畏任何風浪。

精神的平衡，往往代表著「力量」，因為精神的平衡是精神和諧的結果。片面發展的頭腦，不管在某一特殊方面是怎樣的發達，永遠不會是平衡的頭腦。一棵樹木，假若將其全部的汁液，僅僅輸送給一條巨枝，而使其他部分枯萎至死，它就絕不能成為一棵繁茂的大樹。

理智健全、頭腦清楚的人是不多見的。我們常可看到，連許多有本領的人，在許多方面能力很強的人，也會做出種種不可解、愚不可及的事情。他們不健全的判斷、不清楚的頭腦，常常阻礙了他們的前程，像流過高低不平區域的江水，後波每每被前浪打回，所以不得前進一樣。

頭腦不清晰、判斷不健全，這種不良聲譽，會使得別人不敢信賴你，因此大有害於你的前程。假如你要得到他人「頭腦清晰」的承認和稱許，你必須認真努力地去做一個頭腦清晰的人。

大部分人做事，特別在做小事時，往往是敷衍了事。他們自己也知道，他們不曾竭盡全力，而所做出來的結果，也不可能盡善盡美，然而他們還是在用這種做法。這種行為，往往減損我們成為頭腦清晰者的可能性。

毛病就在我們大多數人，總是做出二等、三等的判斷，而不想努力去做出頭等的判斷。這一切都是因為前者省力、容易得多。

大多數的人都是天性怠惰的，我們總喜歡逃避不愉快的艱難的工作。我們不喜歡做那些妨礙我們舒適、不合我們情趣，卻足以煩惱我們的事情。

假如你能常常強迫自己去做那些應該做的事，而且竭盡全力去做，不去聽從你怕事貪安的惰性，那麼你的品格以及判斷力必會大大增進，你自然會被人承認，稱許為頭腦清晰、判斷健全的人了。

熱情是點燃希望的火炬

熱情是經久不衰、推動你面向目標勇往直前、直至你成為生活主宰的原動力。對什麼都無動於衷、冷眼旁觀的人，是因為生活中的一切都引不起他的熱情，他缺乏人生應有的熱情素質。

熱情是什麼呢？當你心中有一個你深信不疑的目標時，當你努力工作尋求實現自己理想時，你便精神百倍，朝氣蓬勃地投入生活，這時你便有了熱情。你會感到幸福，對自己充滿了自信。

當然，熱情不等於你應該成天面帶微笑，或者把世界看成完美無缺，要是這樣，人家會以為你是神經病或是一個盲目的樂觀主義者。熱情只不過是一種思考和接近目標的原動力，它使你保持這樣的信念：生活是美好的，成功總有路。

當你充滿熱情的生活態度時，就不會只看到事情壞的一面，你注重的是事情好的一面，你會在每件事、每個人身上發現一切好的元素。

熱情意味著，你知道自己應該做什麼，並掌握了做的方法，而不是為了逃脫職責尋找藉口，你會覺得在生活中做件小事也是很幸福的，每天晚上，你總會從一天的平凡小事中發現樂趣，並且總是興致勃勃地計畫著明大的事。你會發現你學到的東西越多，你想學的東西也越多。

面對大自然勃勃生機，你會從心靈深處發出一種強烈而熾熱的感受，並為此而歡欣雀躍，恨不得把周圍的世界變成大國；對於人際間的交往，你不會對別人妄加評論，你會願意幫助別人，從中感到愉快和充實。

那麼，怎樣才能獲得熱情這一成功者必備的素質呢？

1. 強迫自己研究自身的一些問題

比如，你可以考慮一下你幾乎不感任何興趣的事：聽音樂、踏青、約朋友聚會或踢踢球，然後問問自己：「到底對這些事物或活動，我瞭解了多少？」

你大概會說：「剛剛認識了一點。」那麼，這件事恰好向你表明了如何激發熱情的契機，那就是為了提高熱情，對過去不感興趣的事，也應當充分去瞭解它，慢慢地，你就會體會到其中的樂趣和意義所在。

2. 改變對誰都不在乎的習慣，培養起對他人的熱情

你可以找出你能為別人所做的一切，比如他的工作、家庭、生活方式等。這樣，你一定能在你和他之間找出共同點，並由此發生興趣，產生熱情，感到對方也是很有魅力的。當你對某人的熱情衰減時，試用這一方法，興趣之泉就會自然湧現。

熱情具有強烈的感染力，回想一下，你有沒有曾因店員的熱情推薦，而買了許多原來不想買的東西？還是，你曾見過熱情洋溢的演講使觀眾如癡如醉的情景？假如你充滿熱情，你周圍的人也會受到感染，這就是說，你要使別人起勁，首先必須要讓自己保持熱情。

更重要的是，當你充滿熱情時，你會發覺很容易擺脫「我不行」、「沒意思」、「一切都無所謂」等消極的觀念。當困惑、憂愁、焦躁占據你的心靈時，你的熱情會幫助你驅逐它們。

第二章

做人不以態度為退

敷衍了事只會害了自己

「追求盡善盡美」是值得作為我們每個人一生的格言，如果每個人都能採用這一格言，實行這一格言，決心無論做任何事情，都要竭盡全力，以求得盡善盡美的結果，那麼人類的福利不知會增進多少。

人類的歷史充滿著由於疏忽、畏難、敷衍、偷懶、輕率而造成的可怕慘劇，二百年前，在賓夕法尼亞的奧斯丁鎮，因為在築堤工程中，沒有照著設計去築石基，結果堤岸潰決，全鎮都被淹沒，使無數人死於非命。

像這種因工作疏忽而引起的悲劇，隨時都有可能發生。無論在什麼地方，都有人犯下疏忽、敷衍、偷懶的錯誤。如果每個人都憑良心做事、不怕困難、不半途而廢，那麼不但可以減少不少人為的慘禍，還可以使每個人都具有高尚的人格。

養成敷衍了事的惡習後，做起事來往往就會不誠實。這樣，人們最終必定會輕視他的工作，從而輕視他的人品。粗劣的工作品質，不但使工作的效能降低，而且還會使人喪失做事的才能，所以是摧毀理想、墮落生活、阻礙前進的大敵。

要實現成功的唯一方法，就是在做事的時候，抱著非成不可的決心，要抱著追求盡善盡美的態度。而那些為人類創立新理想、新標準，扛著進步大旗、為人類創造幸福的人，就是具有這樣素質的人。

有人曾經說過：「輕率與疏忽所造成的禍患不相上下。」許多人之所以失敗，就是敗在做事「輕率」這一點上。這些人對於自己所做的工作從來不會做到盡善盡美。

大部分的人好像不知道，職位的晉升是建立在忠實履行日常工作職責的基礎上，也不知道只有做好目前所做的職業，才能使他們漸漸獲得價值的提升。

有許多人在尋找發揮自己本領的機會。他們常這樣問自己：「做這種乏味平凡的工作，有什麼希望呢？」可是，就是在極其平凡的職業中、極其低微的位置上，往往藏著極大的機會。

只有把自己的工作，做得比別人更完美、更迅速、更正確、更專注，運用自己全部的智力，從舊事中找出新方法來，這樣才能引起別人的注意，擁有發揮本領的機會，從而滿足心中的願望。所以，不論月薪是多麼微薄，都不該輕視和鄙棄自己目前的工作。

在做完一件工作以後，應該這樣說：「我已竭盡全力、盡我所能來完成工作，我更願意聽取人家對我工作的批評與指教。」

成就最好的工作，需要經過充分的準備，並付出最大的努力。英國的著名小說家狄更斯，在沒有完全預備好要選讀的材料之前，絕不輕易在聽眾面前誦讀。他的規矩是每日把準備好的資料讀一遍，直到六個月以後才讀給公眾聽。

法國著名小說家巴爾扎克有時寫一頁小說，會花上一星期的時間去體驗生活和思考，而一些現代的寫作者，還在那裡驚訝巴爾扎克的聲譽是從哪裡來的。

許多人工作粗劣，藉口是時間不夠，其實按照各人日常的生活，都有著充分的時間，都可以做出最好的工作。如果養成了做事務求完美、善始善終的習慣，人的一輩子必會感到無窮的滿足。

而這一點正是成功者和失敗者的分水嶺。成功者無論做什麼，都力求達到最佳境地，絲毫不會放鬆；成功者無論做什麼職業，都不會輕率疏忽。

每一件事都值得我們去做

每一件事都值得我們去做，而且應該用心地去做。

行為本身並不能說明自身的性質，而是取決於我們行動時的精神狀態。工作是否單調乏味，往往取決於我們做它時的心境。

人生目標貫穿於整個生命，你在工作中所持的態度，使你與周圍的人區別開來。日出日落、朝朝暮暮，態度決定你的思想更開闊或者更狹隘，也或者使你的工作變得更加高尚或更加低俗。

每一件事情對人生都具有十分深刻的意義。你是磚石工或泥瓦匠嗎？可曾在磚塊和泥漿之中看出詩意？你是圖書管理員嗎？經過辛勤勞動，在整理書籍的縫隙，是否感覺到自己已經取得了一些進步？你是學校的老師嗎？是否對按部就班的教學工作感到厭倦？也許一見到自己的學生，你就變得非常有耐心，所有的煩惱都拋到了九霄雲外了。

如果只從他人的眼光來看待我們的工作，或者僅用世俗的標準來衡量我們的工作，工作或許是毫無生氣、單調乏味的，仿佛沒有任何意義，沒有任何吸引力和價值可言。

這就好比我們從外面觀察一個大教堂的窗戶。大教堂的窗戶布滿了灰塵，非常灰暗，光華已逝，只剩下單調和破敗的感覺。但是，一旦我們跨過門檻，走進教堂，立刻可以看見絢爛的色彩、清晰的線條。陽光穿過窗戶在奔騰跳躍，形成了一幅幅美麗的圖畫。

一位很有名的服裝設計師說：「真正的裝扮就在於你的內在美。」越是不引人注意的地方越是要注意，這才是懂得裝扮的人。因為只有美麗而貼身的內衣，才能將外表的華麗裝扮表現得更好。

越是不顯眼的地方越要好好地表現，這才是致勝的關鍵。

由此，我們可以得到這樣的啟示：人們看待問題的方法是有侷限的，我們必須從內部去觀察才能看到事物真正的本質。

有些工作若只從表面看也許索然無味，只有深入其中，才可能認識到其意義所在。因此，無論幸運與否，每個人都必須從工作本身去理解工作，將它看做人生的權利和榮耀——只有這樣，才能保持個性的獨立。

每一件事都值得我們去做。不要小看自己所做的每一件事，即便是最普通的事，也應該全力以赴、盡職盡責地去完成。小任務順利完成，有利於你對大任務的成功把握。一步一個腳印地向上攀登，便不會輕易跌落。通過工作獲得真正的力量的秘訣就蘊藏在其中。

拒絕成為「阿斗」

俗話說：「人往高處走，水往低處流。」人往高處走，要攀龍附鳳；水往低處流，為得是百川歸海。這都是要為自己尋找更好的去處。凡人都有為自己爭取更好生存環境和生活方式的願望，也都安於在優越的環境中生活。

爭取優越的生活環境和安於在這種環境中生活，這都不是壞事，反而有益於社會的競爭和進步。但是反過來，一個人如果因為安於優越的生存環境，而把自己變成了廢物和低能兒，那就十足地不可取了。

以創業和守成來打個比方，創業者個個都有真本事、真能耐，知道人生的艱辛、命運的風險，且歷盡磨難，最後贏得社稷江山。

而守成者就不然了，他們大多都是別人送給他們江山、送給他們榮華富貴，因此他們大多只知道占有和享樂，不知道尊貴和富有來之不易。結果沉醉在紙醉金迷的享樂中，最後斷送了自己的前程。

三國時蜀漢的後主劉禪就是一個最典型的例子。

後主劉禪是蜀漢先主劉備的骨肉，小名阿斗，以軟弱無能、丟失祖業在中國歷史上聞名。劉禪生於三國亂世，長於刀光劍影之中，長板坡劉備為曹操追殺，阿斗被棄在亂軍之中。常山趙子龍血戰長板坡，戰袍盡被血染才救下阿斗小命一條。

有著這樣的父子血脈和豪悲身世，本應該蒙難勵堅，矢志成才，可這阿斗偏偏不成人形，在皇帝老子劉備的溺愛中，虛長年華，愧為太子。

阿斗當了皇帝後，仍然整日酒色遊樂，國家朝政放任於太監手中，光復漢室的北伐征戰則由蜀相諸葛亮一人擔下。諸葛亮六出祁山，北伐無功，最後命竭五丈原。

諸葛亮一死，蜀漢更是夕陽垂暮，將帥離心，帥才乏人，諸葛亮苦心物色的繼任帥才姜維也回天乏術。魏將鄧艾千里奇兵，越險而臨，亡了西蜀王朝，一片降幡出成都。

蜀漢滅亡之後，阿斗被押解至魏都洛陽，司馬昭為消解阿斗的帝王之志，整日酒舞為樂，誰想這正合了阿斗的習性，以致作為亡國之君，阿斗竟全無亡國之悲。當司馬昭問及阿斗可否思蜀時，阿斗回答：「此地樂，不思蜀。」說得司馬昭也樂了，這便是「樂不思蜀」成語的出處。

阿斗這種人，就是典型天生高高在上平空獲得榮華富貴，毫不知曉社會和人生，最後因養尊處優而變成廢物和低能兒的範例。低能的另一種意思，便是被生活斷然地淘汰和被他人任意地宰割。因此，處在君主和富貴位置上的人，更要警鐘長鳴，居安思危。

紙醉金迷時，養尊處優時，要獨處常想：它們來之不易，守之不易。如果沒有吃苦耐勞的優良人格或蒙苦受難的創業鬥志，而白享非分之富，實是為禍不遠。當然，在這種時候，一個人往往沒有這樣清醒的頭腦。

人生其實就是戰場，就是在文明的社會裡，競爭也是惱人和不留情面的。因此，人必須強健筋骨，居安思危。享樂，要有享樂的前提和資格，而這個享樂的前提和資格就是堅韌的意志和不尋常的能力。

古希臘斯巴達人就很懂這個道理。雖然他們身為貴族高高在上，但是他們必須比誰都更能吃苦耐勞。男孩女孩七歲之後都要接受各種十分艱苦的訓練。遇到戰爭，男孩當仁不讓地衝鋒在前。也正是這種艱苦的訓練和嚴酷的競爭，使斯巴達人保有了他們的貴族光榮。

天下沒有不付出艱苦努力和代價，就能坐享其成的好事，就是一時有這樣的好事，也定然長久不了。像尊貴、權柄、財富這等事，不留神就會弄出大禍來。從阿斗的尷尬人生中，你悟到了什麼？

你有沒有居功自傲

在中國歷史上，那種由於居功自傲，最終招來殺身之禍的將領不在少數，他們並未戰死在拼殺的戰場，而是斷魂於自己人的刀下，說來令人惋惜也讓人深思。

鄧艾以奇兵滅西蜀後，不覺有些自大起來，司馬昭對他本來就有防範之心，現在看他逐漸目空一切，怕久而久之事有所變，於是發詔書調他回京當太尉，明升暗降，削奪了他的兵權。

鄧艾雖有殺伐征戰的謀略，卻少了點知人、自知的智慧，他既不清楚自己處境的危險，也不明白自己何以招來麻煩。他伐蜀勝利後，擅自封劉禪為驃騎將軍，並恢復其它蜀國官員的職位，後來還上書司馬昭說：「我軍新滅西蜀，以此勝勢進攻東吳，東吳人人震恐，所到之處必如秋風掃落葉。為了休養兵力，一舉滅吳，我想領幾萬兵馬做好準備。」而且，他還喋喋不休地闡述自己滅吳的計畫，全然不知這將引起什麼後果。

司馬昭看其上書心更存疑，他命人前去曉諭鄧艾說：「臨事應該上報，不該獨斷專行封賜蜀主劉禪。」鄧艾爭辯說：「我奉命出征，一切都聽從朝廷指揮。我封賜劉禪，是因此舉可以感化東吳，為滅吳做準備。如果等朝廷命令來，往返路遠，遷延時日，於國家的安定不利。《春秋》中說，士大夫出使邊地，只要可以安社稷、利國家，凡事皆可自己作主。鄧艾雖不上比古人，卻還不至於幹出有損國家的事。」

鄧艾強硬不馴的言辭更加深了司馬昭的疑懼之心，而那些嫉妒鄧艾之功的人紛紛上書汙衊鄧艾心存叛逆之意。司馬昭最後決定除掉鄧艾，他派遣人馬監禁押送鄧艾前往京師，並在路途中將其殺害。

聰明一世的鄧艾由於功高自傲，招人疑懼而遭殺身之禍，鄧艾的一片苦心，由於自己不善內省、不明真相，最後糊裡糊塗地被殺死，的確讓人痛惜。

那麼，歷史給予我們的思考與啟迪又是什麼呢？是否遠離權力之爭就沒危險了呢？可以肯定的是，即使是在日常生活裡、在企業群體中，居功自傲也並非是一件好事。因為，我們無法排除自己會不會正處在一個妒賢嫉能的人際圈子裡，如果是這樣，「居功」已屬不妙，更何況「自傲」呢？

常言說：「賣麵粉的討厭賣石灰的。」本來是你賣你的麵粉，我賣我的石灰，各有各的生意，但這世上偏偏有那麼一種人，什麼事都要與自己連在一起，總覺得你「白」了他就「黑」了；有了你的能幹，就顯示了他的無能等等。因此，明裡暗裡都要捅你兩下，甚至想置你於死地。

還有，我們也難以保證企業的經營者都是「賢達開明之主」，本來，下屬的「功」對企業以及對他本人是極為有利的，但對居功者，他同樣會心存嫉妒或感到不舒服，他們會由此而疑懼你心存二意，「萬一哪天你投向競爭對手那邊該怎麼辦？」而「自傲」更加刺激了這一系列的心理反應。

換個角度來看，自傲對自己確實無益，除了導致人際關係緊張外，還會使自己喪失許多理性的東西。在現實生活中可以看到，凡是「居功自傲」的人，一般都難以吸取失敗的教訓（包括他人或自己過去失敗的教訓），總是看到成功的經驗和榮耀，對他人的意見或建議易持抵觸態度，很難像過去一樣，站在相應對等的位置上進行資訊交流與溝通，從而導致上下關係緊張。

另外，居功自傲者由於「功成名就」，身邊容易出現一些「抬轎子」的人，他們當中有些人是出自對成功者的佩服尊敬，但往往不排除有那種別有用心之人。所謂上房抽梯，讓你爬得高摔得重。

因此，從相當程度上來講，如何正確對待已經取得的「功」，不僅僅是一個性格修養的問題，也是一個事關生存發展的大問題。在特定的條件、情況下，它甚至是一個有關生死選擇的重大問題。常言道：「該夾著尾巴做人，就夾著尾巴做人。」在許多時候是不無道理的。

值得一提的是，我們切不可把自傲與自信等同起來。儘管僅是一字之差，其內涵卻相去甚遠。淺顯而言，自傲的外在表現往往是傲氣十足；而自信則往往表現於傲骨的自然挺立。而「傲氣不可有，傲骨不可無」這句話也已經成為大多數人的共識了。

總之，不要居功自傲，要謙遜以求自保、謙遜以求進取，這總不是一件壞事。

坦誠認錯亦君子

你可能是一個老闆，或是某個單位的主管，總之，你手下領導著一大群人。前兩天，在一項工作中你出現了較大的失誤，甚至造成了較大的金錢損失。

碰到這種事情，你會怎麼辦？

一種選擇就是大大方方地承認自己的錯誤，向全體員工認錯，承認自己工作中的失誤，並希望全體員工在以後的工作中敢於指出自己的錯誤，盡量減少可能有的損失。

你還有另一種方法，那就是死撐著，絕不認錯。道理很簡單：一認錯，豈不威信掃地，以後還怎麼做老闆，怎麼做主管？手下的人又會怎麼看我？

你可能會說：「我肯定選擇第一種，大大方方地承認錯誤。」

這種選擇自然是對的，但是你未必說的是真話。

實際情況是，你不一定選擇第一種方案。

有許多事情，嘴上說說、理論上探討探討起來確實容易，而且道理我們都懂，但一到實際生活中實施起來，其實是很困難的一件事情。就如吸菸這件事，現代人不懂得「吸菸有害健康」這個道理的恐怕鳳毛麟角，然而吸菸的人數仍以億人計。

所以，我們不會因為我們懂得其中的道理，就認定我們一定會按照正確的方法去做，也就是說，我們不會因為承認錯誤對我們的工作有好處，就承認自己的錯誤。

人活在世上，要取得成功，就一定要做事情，而做事情就可能會有錯誤。古人說：「人非聖賢，孰能無過。」恐怕就是為了說明這個道理。其實，是人都會犯錯誤，「聖賢」自然也不例外。但聖賢所以為聖賢，他們長於常人的地方就是因為他們錯了，會承認錯誤，而且能夠改正錯誤。

曾子說：「吾日三省吾身。」這是聖賢的修身功夫，凡人不易做得到，但時時提醒自己，檢視一下自己的言行卻不是太難的事。一個人有了不當的意念，或做了見不得人的事，雖然可以瞞過任何人，但絕對騙不了自己。人之所以會做對不起別人的事，不單是外界的誘惑太大，更多的是自己的欲念太強，理智屈就於本能衝動。一個常常做自我反省的人，不僅能增強自己的理智，而且必定知道什麼是自己該做的，什麼是自己不該做的。所以要「省」，就是因為他知道他也可能會有錯誤，但每天反省自己，就能夠時時提醒自己不要再犯類似的錯誤。這才是正確的態度，也是一種追求人生成功的積極心態。

反過來說，如果你死撐著，死不認錯，所引起的後果將是十分消極的，起碼你的手下就會輕看你。如果你犯了小錯誤，沒有造成較大的損失，而你為了所謂「面子」問題而不承認，你的手下就會認為你連這麼一個小問題都不敢承擔，如何能帶著大家做出大事情。

如果你犯的錯誤很嚴重，造成了巨大的損失，公司或單位人人皆知，而你這時候再不承認自己的錯誤，甚至一味地搪塞、狡辯，你的手下更會認為你一點擔待也沒有，你的上級恐怕也會因此不信任你。

古人說，兩害相權取其輕。你自己好好權衡比較一下兩者的輕重，看到底選擇哪一個更好一些。

其實，提高到成功人生的角度來看，承認犯了錯誤，是為了不再犯錯，取得更大的成功。再說了，不管是對下級上級，坦誠地承認錯誤，承擔責任，別人只會更加信任你、尊重你，絕不會輕看你。你反而會因為坦誠贏得人心，因為他們知道自己也有犯錯的時候。

坦誠地承認錯誤，實在是我們做人的一種法則，也代表著我們做人的風度。更重要的是，坦誠認錯，會為你以後的發展提供一面鏡子。

把反省當成每日功課

每個人都不是完美，都會說錯話，也會做錯事。對自己做錯的事，知道悔悟和責備自己，這是敦品勵行的原動力。不反省不會知道自己的缺點和過失，不悔悟就無從改進。要把反省自己當成每日功課。

著名作家李奧．巴斯卡力，寫了大量關於愛與人際關係方面的書籍，影響了很多人的生活。據說，他之所以有這樣卓越的成就，完全得力於小時候父親對他的教育，因為每當吃完晚飯時，他父親就會問他：「李奧，你今天學了些什麼？」這時李奧就會把在學校學到的東西告訴父親。如果實在沒什麼好說的，他就會跑進書房拿出百科全書學一點東西告訴父親後才上床睡覺。

這個習慣他一直維持著，每天晚上他會拿父親問他的那句話來問自己，若當天沒學點什麼東西，他是不會上床就寢的。這個習慣時時刺激他不斷地吸取新知，產生新的思想，不斷進步。

所謂反省，就是反過來省察自己，檢討自己的言行，看看有沒有要改進的地方。

反省是自我認識、水準進步的動力。反省是對自我的言行進行客觀的評價，認識自我存在的問題，修正偏離的行進路線。

為什麼要經常反省？因為人不是完美的，總有個性上的缺陷、智慧上的不足，而年輕人更缺乏社會歷練，常常會說錯話、做錯事、得罪人。反省的目的在於建立一種監督自我的內在回饋機制。

通過這種機制，我們可以及時知曉自己的不足，及時匡正不當的人生態度。良好的反省機制是自我心靈中的一種「自動清潔系統」或「自動糾偏系統」。反省是砥礪自我人品的最好磨石，它能使你的想像力更敏銳，使你真正認識自我。

時下許多行業都很注重反省的習慣，以增強行業的凝聚力和工作效率。對個人來說，建立自我反省機制是為了反觀自我的不足，以達到提升自我、健全自我和改善自我的目的。我們要從以下幾方面認識反省、看待反省：

1.正視人性的弱點

毋庸置疑，人的通病都是「長於責人，拙於責己」或以「自我為中心」。反省要求的是「反求諸己」，而不是找他人的不是。反省是一面心鏡，通過它可以洞觀自己的心垢。自我如同眼睛一樣可以盡情地看外面的世界，卻無法看到自己，反省機制的建立將澈底改變這一侷限。

2.認識自我的最佳方法

反省是認識自我、發展自我、完善自我和實現自我價值的最佳方法，成功學專家羅賓認為：「我們不妨在每天結束時，好好問問自己一些簡單的問題：今天我到底學到些什麼？我有什麼樣的改進？我是否對所做的一切感到滿意？」如果你每天都能改進自己的能力並且過得很快樂，必然能夠獲得意想不到的豐富人生。真誠面對這些問題就是反省，其目的就是要不斷地突破自我的侷限，開創成功的人生。

3.心靈的盤點

反省的內容就是時時捫心自問自己的言行是否正確，每天進行「心靈盤點」，才有益於及時知道自己近期的得與失，思考今後改進的策略。這不僅是完善自身素質的最佳方式，也是融洽人際關係的法寶。比如，「念自己有幾分不是，則內心自然氣平；肯說自己一個不是，則人之氣平」；「自知其短，乃進德之基」；「先問自己付出多少，再問人家給了多少」等等，都是很好的反省方法。若我們能時時這樣去反省，就能使自己心平氣和，善結人緣，力求進取，開創光輝的人生。

反省的方式可以靈活多樣，至於反省的方法，有人寫日記，有人則靜坐冥想，只在腦海裡把過去的事拿出來檢視一遍。

只要我們都關注自身的發展，我們就無法回避認識自我的問題。我是誰？我能做什麼？我做得怎樣？我要到哪裡去？……茫茫的人生旅途跋涉，我們都必須亮起一盞心燈，「一日三省吾身」，時時叮囑自己，只有這樣，我們的成功之路才能越走越寬廣。

清醒地評估自我

如果你是個商品，你會怎樣去評價自己呢？你是市場上的暢銷貨呢？還是滯銷貨？你如何給自己的品質定價呢，是高價還是低價？你是否會為自己評上「最優商品」，還是僅認為自己是個「優良的產品」呢？是「經久耐用」呢？還是「一次性使用」？是最方便，還是最特殊呢？

推出一種新產品，只有找出最合適的市場形象，才能打開市場的新天地。這些原則是對任何事物都可行的。但是許多人卻忽略了這一道理，並且從來不把它用在自己身上，不去思考如何把自己推向市場。

只要我們與企業界高層的人士交往越多，就越能體會他們之所以能達到高位的原因。有一部分得歸功於個人促銷，以及更重要的「個人定位」。他們不僅工作勤奮，表現優異，而且總是精心布局，讓別人能認同自己的價值。

這種自我設計並不是一種弄虛作假，只要能夠實事求是地正視以下幾個問題就可以了。

1.你的形象如何？

今日生意蒸蒸日上的各類公司，都要求自己的員工注重儀容外表、言談舉止，其背後真實意義，不僅是公司形象問題，更重要的是，這也是對客戶、顧客以及自己服務對象的一種基本尊重和禮節。

2.你是否找到自己的位置？

不能正確地估價自己，就不可能得到他人的理解和支持，這道理是顯而易懂的。

3.你犯的是哪類錯誤？

人生在世，總會遇到困難和挫折，也會犯這樣或那樣的錯誤，但錯誤的實質卻有根本的不同，必須認清自己犯下的錯誤是有意還是無意的。

4.你是否聰明過頭？

IMG公司裡有位經理，才思敏捷，反應快速。他能在瞬間衡量情勢，作出決定。這種快速思考的能力，雖然在公司裡極受重視與嘉許，但對外來說卻未必是優點。

例如，當他與一家習慣照章辦事的公司洽談公事時，他所展現的方式，在對方眼中就顯得倉促而草率，讓人有缺乏思慮的疑慮。如果他稍候幾天，再提出與原先相同的解決方法，相信對方必然比較容易接受他的看法。

5.你會出名嗎？

最能讓你聲名在外的是，做好每一件事，這樣自然會有人去為你立傳，這比從你自己嘴裡說出來，更能令人信服。反之，要不引起他人的反感，最好的詞語應是「我們」、「我們公司」，而少用或不用「我」、「我的」……

6.你的工作崗位怎樣？

要贏得賽馬的勝利，一靠駿馬，二靠騎師。前者的因素占百分之九十，後者占百分之十。事業前程也是如此，好人配好馬，好馬配好鞍，定能馳騁商場。你有一個好單位，許多事都好辦。

使人失敗的七種致命傷

人們有時表現得很賣力、很用心工作，但是現實中有七種致命傷會使人蹉跎度日、一事無成。

1.讓別人來支配生活

二流的人物會根據常規而頤指氣使，他們要你做你並不想做的事情，指點你所應該採取的工作方式，以及在私生活中你應該採取的做法或態度。那些好為人師的先生們、專橫跋扈的太太們、驕傲自大的雇主們，以及嚼舌多事的親戚、同事們經常都會在不知不覺中，扮演著想要控制你的角色。

遇到這種情況，你可以分析一下你最近剛做完的某一項決定。想一想你是否選擇了你真正想要的事物，有沒有受到旁人的意見左右呢？或者是，你是否總是根據他人的意願行事而不做選擇呢？

2.總是歸咎於運氣不佳

成功的人會自己創造出有利於自己的環境，而不是被一般世俗的環境所影響。拿破崙曾說：「我會設法創造或改造那些對我有影響的環境。」

可惜，大部分的人不具備這種力量。當他們分析「為什麼我在工作上不能有所長進」、「為什麼無法達成某一項生意」、「為什麼只能得到很低的評價」，或「為什麼別人節節高升，而自己卻一直停留在管理金字塔的底層」的時候，他們就不知不覺地在尋找代罪羔羊，使自己避免自責，而陷入自欺的狀態之中。

3.自貶身價

毫無疑問，這個世界上的失敗者，都認為自己的能力不足，認為自己將會在人生競賽中失敗，認為生命中的種種美好快樂的事物，都是無法掌握、無法企及的。

每天都有數以萬計富有創意、有價值的主意被人想出來。但是人們總認為自己腦筋裡面想出的東西一定不值錢，別人的創意就非常難得而有價值了。一般人都很容易在下意識中，對自己的潛能做了偏低而不實的估計。這樣，我們在誇大他人智力的同時，也低估了自己的智力和實力。

4.讓恐懼感控制了你

對其他人的恐懼、不敢嘗試的恐懼、對未來的恐懼、對自我的恐懼——就是這些恐懼導致了你的失敗。

恐懼可以說是人生失敗的罪魁禍首。

5.無法妥善管理與運用精神力量

人們的通病是：他們只是毫無目的、漫無目標地生活著。這些無邊無際的胡思亂想，使人不做有目的、有價值的思考活動。

僅有很少數的人，會把他們想要完成的事項寫在紙上；更少的人，擁有想要好好生活下去的意願。一般人只是東晃西蕩、未曾事先計畫，不知道他們自己現在是在做些什麼，甚至不知道自己將要往何處去——就好像是不帶地圖的旅遊。這是一件非常可悲的事情，結果，他們的頭腦無法讓自己執行任何一種事情。

6.只想到自己

成功是需要充分發揮「影響他人」的能力的，如果僅僅想到自己，你就無法發展出這項能力了。

在今天這個複雜的社會中，要有能力去說服別人，使他們認同你的觀點，跟你站在同一立場、一起同心協力並肩作戰，這樣你才能出人頭地、獲得更高更重大的成就。可惜的是，幾乎每一個人多多少少都會反問自己：「那跟我有何關係？」而不是「我還能為其他的人再做些什麼事情呢？」成功的人都知道，如果想要有所「收穫」的話，就非得先「施與」才行。只有辛苦耕耘灌溉，才會有開花結果、碩果累累的一天。

7.無法對自己堅信不移

無法相信「我可能會贏得勝利」、「我可能會獲得成功」、「我可以賺到更多的錢」、「我可以擁有更大的影響力」、「我可以獲得心靈上的真正寧靜」等等，這是不自信的過失。

幾乎每一個人都聽說過「信心的力量，足可移山」之類的處世哲學。但是，一般人對於這偉大的智慧暗地裡充滿了輕蔑之心，他們只相信世俗的「信心是不管用的」這樣的論調。那些真正有成就的人，都會控制本身的思考活動，讓他自己的信念來控制自己。

沒有堅定信念、喪失自信、人云亦云、既無法激勵自己也無法影響別人，就是失敗者之所以失敗的原因。失敗者最大的錯誤是信任自己的錯誤，並在錯誤中生活而不自知。久而久之，失敗的生活形成了習慣，以它強大的力量牽制著人生的每一分鐘，使人陷入悲傷苦難的境地，這是最為違背人道的錯誤。每個人都應從其中走出來，走在陽光下重新生活。

所以，請你拋棄失敗心理，對自己說出以下的話吧：「我真想奮發向上，跨出第一步，力求有所突破，大幹一場呢！我真想尋找更多的快樂與歡愉。我真想享受美好璀璨、多彩多姿的人生。我真想獲得我所真正想要追求的成功。」

如果你已經準備好做出這項承諾，那麼請讓我來鼓勵你「現在就馬上去行動吧」！

不要為失敗找藉口

「沒有任何藉口」是美國西點軍校二百年來奉行、最重要的行為準則，是西點軍校傳授給每一位新生的第一個理念。它強化的是讓每一位學員想盡辦法去完成任何一項任務，而不是為沒有完成任務去尋找藉口，哪怕是看似合理的藉口。秉承這一理念，無數西點畢業生在人生的各個領域取得了非凡的成就。

千萬別找藉口！在現實生活中，我們缺少的正是那種想盡辦法去完成任務，而不是去尋找任何藉口的人。在他們身上，體現出一種服從、誠實的態度，一種負責、敬業的精神，一種完美的執行能力。

不成功的人都有一項共同的特徵，就是知道失敗的所有理由，而且抓著這些他們相信是萬無一失的藉口不放，以便於解釋他們為何成就有限。

在工作中，我們經常能夠聽到各種各樣的藉口，歸納起來，主要有以下五種表現形式：

1.不是我的責任

許多藉口總是把「不」、「不是」、「沒有」與「我」緊密聯繫在一起，其含義就是

「這事與我無關」，不願承擔責任，把本應自己承擔的責任推卸給別人。

一個團隊中，是不應該有「我」與「別人」的區別的。一個沒有責任感的員工，不可能獲得同事的信任和支持，也不可能獲得上司的信賴和尊重。如果人人都尋找藉口，無形中會提高溝通成本，削弱團隊協調作戰的能力。

2.我很忙

找藉口的一個直接後果，就是容易讓人養成拖延的壞習慣。如果細心觀察，我們很容易就會發現在每個公司裡都存在著這樣的員工：他們每天看起來忙忙碌碌，似乎盡職盡責，但是，他們把本應一個小時完成的工作，變得需要半天的時間甚至更多。因為工作對於他們而言，只是一個接一個的任務，他們尋找各種各樣的藉口，拖延逃避。這樣的員工會讓每一個管理者頭痛不已。

3.不是我們的做事方式

尋找藉口的人都是因循守舊的人，他們缺乏一種創新精神和自動自發的工作能力，因此，期許他們在工作中做出創造性的成績是徒勞。藉口會讓他們躺在以前的經驗、規則和思維慣性上舒服地睡大覺。

4. 我沒受過訓練

這其實是為自己的能力或經驗不足而造成的失誤尋找藉口，這樣做顯然是非常不明智的。藉口只能讓人逃避一時，不可能讓人如意一世。沒有誰天生就能力非凡，正確的態度是正視現實，以一種積極的心態去努力學習、不斷進取。

5. 人家超出我們一大截

當人們為不思進取尋找藉口時，往往會這樣表白。藉口給人帶來的嚴重危害是讓人消極頹廢，如果養成了尋找藉口的習慣，當遇到困難和挫折時，不是積極去想辦法克服，而是去找各種各樣的藉口。其含義就是「我不行」、「我不可能」，這種消極心態剝奪了個人的成功機會，最終讓人一事無成。

他們所有的精力與時間都花在尋找一個更好的藉口上，失敗是必然的結果。其中有些托詞是有點小聰明的，而且也是情有可原的，但是藉口不能用來賺大錢，世人只會問你成功了沒有。

找藉口的習慣跟人類一樣自古長存，卻是成功的致命傷！為什麼抓住藉口不肯放手？答案很明顯。因為他們創造了藉口，所以他們維護藉口！人類的藉口全是自己想像力的產物，呵護自己頭腦的產物，是人類的天性。

找藉口是根深蒂固的習慣，習慣很難革除，尤其當這些習慣能為我們所做的事找到合理的解釋時，更是積重難返。柏拉圖說：「最大和最初的成功，是征服自己。最可恥和罪過的，莫過於被自己打敗。」

另一位哲人也有同樣的想法，他說：「我發現自己在別人身上看見的醜惡，竟不過是自己本性的反映時，我大驚失色。」

「對我而言，這始終是個謎，」哈伯德說：「為什麼大家花那麼多時間處心積慮捏造藉口、搪塞自己的弱點、欺騙自己？如果時間用到不同的地方，同樣的時間足以矯治弱點，然後藉口就派不上用場了。」

人生是局棋，你的對手是時間。如果動手前，你猶豫不決，或者沒有立即採取行動，你的棋子就會被時間吃掉，你的對手容不得你遲疑不決！

以前你可能有合情合理的藉口，不去迫使人生交付你所求的一切；但是現在，那個藉口已經不管用了，因為你已經擁有了打開人生豐饒財富之門的鑰匙。

是的，千萬別找藉口！讓我們改變對藉口的態度，把尋找藉口的時間和精力用到實際生活中來。因為現實中沒有藉口，人生中沒有藉口，失敗也沒有藉口，成功更不屬於那些尋找藉口的人！

一次跌倒，並不是弱者

「從哪裡跌倒，就從哪裡爬起來」是不逃避失敗的一種態度，同時也可讓同行的人瞭解「我某某站起來了」。

但如果跌倒之後，發現原來是走錯了路，也就是說，你走的是一條不能發揮你專長、不符合你性格的路，為什麼不能在別的地方爬起來呢？事實上，就有不少人做過很多事，最後才找到適合他的行業。而且，只要能夠成功，誰在乎你是從哪裡爬起來的？因為一次跌倒，並不能證明你是弱者。

為什麼強調一定要爬起來，主要有以下幾個理由：

1. 人性看上不看下、扶正不扶歪

你跌倒了，如果你本來就不怎麼樣，那別人會因為你的跌倒而更加看輕你；如果你已有所成就，那麼你的跌倒將是許多心懷嫉意之人眼中的「好戲」。所以，為了不讓人看輕，保住你的尊嚴，你一定要爬起來！不讓他人小看，不讓他人笑看。

2.「跌倒」不代表永遠失敗

失敗跌倒你得先爬起來，才能繼續和他人競逐，躺在地上是不會有任何機會的，所以你一定要爬起來。如果你因為跌重了而不想爬起來，那麼不但沒有人會來扶你，而且你還會成為人們唾棄的對象。如果你忍著痛苦想爬起來，遲早會得到別人的協助；如果你喪失「爬起來」的意志與勇氣，當然不會有人來幫助你，因此，你一定要爬起來！

3. 意志可以改變一切

一個人要成就事業，其意志相當重要。意志可以改變一切，跌倒之後忍痛爬起，這是對自己意志的磨煉。有了如鋼的意志，便不怕下次「可能」還會跌倒了。因此，為了你往後漫長的人生道路，你一定要爬起來！

4. 瞭解自己的能耐

有時候人跌倒了，心理上的感受與實際受到傷害的程度不一樣，因此你一定要爬起來，這樣你才會知道，事實上你完全可以應付這次的跌倒，也就是說，你會知道自己的能力何在。如果自認起不來，那豈不浪費了大好才能？

總而言之，不管跌的是輕還是重，只要你不願爬起來，那你就會喪失機會，被人看不起。這是人性的現實，沒什麼道理好說。所以你一定要爬起來，並且最好能重新站立起來。就算爬起來又倒了下去，至少也是個勇者，絕不會被人當成弱者。

人不可能一生一帆風順，總有摔跤、跌倒之時，這就是打擊。但有一點要記住：不管你是以什麼樣的形式「跌倒」，不管你跌得怎樣，跌倒了，就一定要勇敢爬起來！

以失敗為師

在我們的個人成長過程中，自上小學開始，教科書和老師們就列出了許多偉人和成功者的事蹟，以鞭策和鼓舞後來之人。因此我們從小就學會了把成功者的成就作為自己的奮鬥目標，有些人還遵循成功者的模式，以此來構築自己的未來。

當然，發揮成功者作為楷模的示範作用，這種做法並沒有什麼不好，因為人們總是需要看到成功的「希望」，以此作為學習的榜樣，鼓舞自己。

但如果一切向「成功者」看齊，可能會使有些人墮入一種幻覺當中，他們認為自己也可以成功，而一旦自己難以獲得成功時，就感到命運對自己不公，並責問：「為什麼他們可以成功，我就不能呢？」

其實，一個人的成功是多種因素的組合，不可能一蹴而就。另外，某一個成功者的成功模式並不一定適合每一個人，因為每個人的個性與主客觀條件不同。所以，以成功者為師，應該有選擇性。

你不可能學習每一位成功者，也並非所有成功者的經驗都值得你去學。你可以學習某人成功的一些方面，但不必全部遵循。而且向成功者學習，有時反而可能是失敗的起因，它會讓人失去清醒！

所以，有時我們可以換一個角度，與其時時「以成功者為師」，不如有時看看那些失敗者，研究一些失敗的案例，仔細探究失敗的原因，當成自己的警示，讓自己將來不致犯下同樣的錯誤！

失敗是一所每個人都必須經歷的學校，「以失敗者為師」意謂著，在這所學校裡，你已成人，已會獨立思考，已能自我選擇，這一切，都決定你如何盡快從這所學校畢業，而不是待下去或重修這所學校的課程。

從失敗中學習非常重要，若能如此，就不會再犯同樣的錯誤，更不會失去走向成功的信心，因此，沒有比逆境更有價值的教育。如果把失敗棄之不顧，不加反省就意志消沉，那麼即使開始下一項工作也不會收到好的效果。

遇到失敗，若只是單純以「跟不上人家」為藉口，就不會有任何進步，沒有在失敗中學習的精神，便永遠得不到成長。而且，只有在失敗中，才能更好地找到我們所要學習的東西。

那種經常被視為「失敗」的事，實際上常常只不過是「暫時性的挫折」而已。這種失敗又常常是一種幸福，是生活賜予我們的最偉大「禮物」，因為它使人們振作起來，調整我們的努力方向，使我們向著更美好的方向前進。

看起來像是「失敗」的事，其實卻是一隻看不見的慈祥之手，阻擋了我們的錯誤路線，並以偉大的智慧促使我們改變方向，向著對我們有利的方向前進。

如果人們把這種失敗理解為一種「暫時性的挫折」，並引以為戒的話，它就不會在人們的意識中成為失敗。事實上，每一種「暫時性的挫折」中都存在著一個教訓，我們能夠從中吸取極為寶貴的知識，而且，通常這種知識除了經由失敗獲得外，別無其他方法。

要想成功，就必須有障礙。在我們的事業中，只有經過多次奮鬥和無數次的失敗，才能獲得勝利。每一次失敗，每一次奮鬥，都能磨煉你的意志、增強你的體力、提高你的勇氣、考驗你的忍耐力、增強你的自信心以及培養你的能力。

所以，每一個障礙，都是一個考驗，都會促使你成功，否則，就只有接受失敗。每一次挫折，都是一次前進的機會。逃離它們，躲避它們，就會失去自己的前途。

你失敗了，你就進了這所學校，不管你自己希望在這裡學到什麼。

你可以是這所學校的優秀學生，你可以認真學習，把你在外面受到的挫折心得帶到學校中總結學習。你可以在這裡發現你所需要的、所喜歡的課程，並對照自己不斷學習、不斷進步。

你也可以是這所學校的頑劣學生，整天無所事事，混日子過，終日無所得。你在這所學校表現如何，將決定了你從失敗中學到什麼。你在學校認真學習，就能夠很快學到很多東西，提前從學校畢業，成為一個合格的畢業生。但如果在學校敷衍了事，你可能就學不到東西，那你就永遠無法畢業，在失敗中待一輩子。

在失敗這所學校中，你選擇什麼？

失敗？

成功？

失敗所以能促成成功，是因為我們不斷地在失敗中認識錯誤，這樣可以避免重犯許多錯誤，不再重蹈覆轍，當然就會成功了。這是所有科學研究所遵循的法則。

所以，不要懼怕，也不要逃避失敗，因為成功是無數失敗的積累，沒有失敗的成功只能算是僥倖！如果失敗今天帶給我們的是悲哀，明天它將為我們帶來喜悅。

悲觀者的四種表現

大多時候，我們在做一件事情時失敗了，並不是因為自身的能力不足，或者是客觀條件不具備，而是因為遇到一點小困難時，就產生了悲觀消極的心理，對成功澈底地失去應有的信心。

相反，那些樂觀積極的人，即使在前進路上遇到一些挫折或困難，但他們總能想方設法去克服，大有一股不達到目的誓不甘休的勁頭。

一般而言，悲觀者的心理或情緒主要有以下四種表現：

1.缺乏足夠的忍耐

在我們實現成功願望的過程中，並不是任何事情都會發展得異常順利，有時會出現各式各樣的阻礙及挫折，使事情看起來一點也不順利，在這種情況下就必須拿出忍耐的精神來。事實上，大多數人在前進過程中缺乏的恰恰就是這一點。

說到忍耐，有人把它解釋成一味被動地忍受，而不去設法扭轉局勢，這是非常不正確的。所謂真正的忍耐，是指在美好的願望實現日來臨之前，要預先儲備能量。黎明前總會有黑暗存在，重要的是你能夠忍耐住這段黑暗時光，然後靜等黎明時光的到來。

有一個小男孩每遇到困難時就會發脾氣，於是他的父親就給了他一袋釘子，並且告訴他，每當他克服一個困難時，就釘一根釘子在後院的圍牆上。

第一天，這個男孩沒有釘下一根釘子；第二天，他釘下了兩根釘子，慢慢地，每天釘下的釘子數量增加了。他發現隨著耐性的提高，自己克服困難的能力也變得越來越強。

在困難面前，我們應該保持足夠的忍耐，忍耐的過程就是積聚力量，因為有些困難並不是一戰而勝的，唯有忍耐才是最明智的選擇。

2.一遇到困難就懷疑自己的能力

現在，我們已經知道悲觀消極的態度是致命的，它會讓本來能力非凡的你變得平庸，做不出任何成就來，長此以往，你就越來越難以認清自己的真正實力了。如果一個人永遠無法發現潛藏在自己體內的那筆雄厚財富，這才是最糟糕的事情。

蘇格蘭地區有很多古堡與古跡，因此鬧鬼的傳聞也頗多。有一天，一位小學老師因為公務繁忙，所以回家時已是午夜時分。在他回家的路上，需經過一個墳場，而那天剛好有人新挖了一個墓穴。他經過時一不小心摔到了那個大坑裡，可是那個大坑又大又深，這位長得高頭大馬的老師，怎麼爬都爬不出去。後來，他索性坐在坑內，想等天亮了以後再說。

沒想到不久後又有一個人途經此地，也是一不小心摔到坑內，只見他拚命地往上爬，當然是使出吃奶的力量也毫無辦法。

「不用爬了。」那位小學老師說道，「你是爬不出去的。」

後來掉下去的人，大概以為是見到了鬼，嚇得魂不附體，立刻手腳並用地往上爬，沒想到居然三兩下就爬了出去。

一個人蘊藏的巨大潛力，常常是不到千鈞一髮之際，連自己都被蒙在鼓裡而渾然不知。自信能衍生出所有成就的兩大基石——高自尊和高期望。在成功之前，我們必須相信自己的能力，在內心提醒自己一定能夠做得到，而不是迷失於自我認識之外。

3.因為困難而變得猶豫不決

許多人害怕失敗，然而人卻常有天不從人願的時候，像失戀、計畫泡湯、工作不如意等等。不過在成功者眼裡，沒有失敗，只有結果，失敗是動搖不了他們的。

只有追求結果的人，才能獲得最後的成功。成功的人不是從不失敗，他們也有徒勞無功的時候，但他們認為那是學習經驗，借用這個經驗，再另起爐灶，從而得到新的結果。

仔細想一想，你每天能比前一天增加的一種資產或利益是什麼？答案就是經驗。害怕失敗的人，內心產生畏懼不前的心理，不敢放手去做，更不可能成功。你是否害怕失敗？那麼，你對學習又是如何看待呢？如果你肯學習別人的經驗，那麼就能無往不勝。

富勒說過一個船舵的比喻。他說當船舵偏轉一個角度，船就不會照著舵手的方向前進，而只是在原地打轉。若想抵達目的地，就得回轉船舵，不斷地調整和修正航向才行。

請把這幅畫面記在腦海裡，想像一艘船在寧靜的海面上航行，舵手做了上千次必要的修正，維持航向。這是多麼美的畫面，它告訴我們人生的成功方式。然而卻有些悲觀的人不這麼想，每一次的錯誤，都造成他們心頭上的包袱，認為那是失敗留下的長期陰影。

4.沒有堅定的信念

悲觀的人沒有堅定的信念，他們從來不知道成功的滋味。信念是一種無堅不摧的力量，當你堅信自己能成功時，你必定能獲得成功。

英國勞埃德保險公司曾從拍賣市場買下一艘船，這艘船一八九四年下水，在大西洋上曾一百三十八次遭遇冰山，一百一十六次觸礁，十三次起火，二百零七次被風暴扭斷桅杆，然而它從沒有沉沒過。

勞埃德保險公司基於它不可思議的經歷及在保費方面帶來的可觀收益，最後決定把它從荷蘭買回來捐給國家，現在這艘船就停泊在英國薩倫港的國家船舶博物館裡。

不過，使這艘船名揚四海的卻是一名來此觀光的律師。當時，他剛打輸了一場官司，委託人也於不久後自殺了。儘管這不是他第一次辯護失敗，也不是他遇到的第一例自殺事件，然而，每當遇到這樣的事情，他總有一種負罪感。他不知該怎樣安慰這些在生意場上遭受了不幸的人。

當他在薩倫船舶博物館看到這艘船時，忽然有一種想法：為什麼不讓他們來參觀參觀這艘船呢？於是，他就把這艘船的歷史抄下來，連同這艘船的照片一起掛在他的律師事務所裡，每當商界的委託人請他辯護，無論輸贏，他都建議他們去看看這艘船。

它使我們知道：在大海上航行的船沒有不經歷大風大浪的，也沒有不帶傷痕的。如同一個人在社會上行走，哪有不屢遭挫折的，如果他是一個悲觀失望的人，沒有百折不撓的堅強意志，遲早會垮掉，這就是失敗的真正原因所在。

培養承受不幸的能力

在生活的海洋中，事事如意、一帆風順地駛向彼岸的事情是很少的。或學習上遇到困難，或工作中受到挫折，或生活上遭到不幸，或事業上遭到失敗，這些都有可能發生。當不幸的命運降臨到我們身上的時候，我們應當怎麼辦呢？

唉聲歎氣，自歎「時乖運舛」，自認倒楣，這是一種態度。在打擊和磨難面前，僅僅停留於無休止的歎息，不會幫助你改變現實，只會削弱你和厄運抗爭的意志，使你在無可奈何中消極地接受現實。

悲觀絕望，自暴自棄，這也是一種態度。一遇挫折就悲觀失望，承認自己無能，這是意志薄弱、缺乏勇氣的表現，也是自甘墮落、自我毀滅的開始。用悲觀自卑來對待挫折，實際上是幫助挫折打擊自己，是在既成的失敗中，又為自己製造新的失敗。在既有的痛苦中，再為自己增加新的痛苦。

怨天尤人，詛咒命運，這又是一種態度。現實總歸是現實，並不因為你埋怨和詛咒它而有所改變。遇到不幸的事，就惡語詛咒、怨天尤人，這是最容易的，但卻是最沒有用處的。

在生活中的不幸面前，有沒有堅強剛毅的性格，在某種意義上，也是區別偉人與庸人的標誌之一。巴爾扎克說：「苦難對於一個天才是一塊墊腳石，對於能幹的人是一筆財富，而對於庸人卻是一個萬丈深淵。」

有的人在厄運和不幸面前，不屈服、不後退、不動搖，頑強地同命運抗爭，因而在重重困難中衝開一條通向勝利的路，成了征服困難的英雄，掌握自己命運的主人。

有的人在生活的挫折和打擊面前，垂頭喪氣，自暴自棄，喪失了繼續前進的勇氣和信心，於是成了庸人和懦夫。培根說：「好的運氣令人羨慕，而戰勝厄運則更令人驚歎。」

生活中，人們對於那些衝破困難和阻力、經受重大挫折和打擊而堅持到底的人，其敬佩程度是遠在生活的幸運兒之上的。征服的困難越大，取得的成就越不容易，就越能說明你是真正的英雄。

當接連不斷的失敗使愛迪生的助手們幾乎完全失去發明電燈的熱情時，愛迪生靠著堅韌不拔的意志，排除了來自各個方面的精神壓力，經過無數次實驗，電燈終於為人類帶來了光明。在這裡，愛迪生的超人之處，正在於他對挫折和失敗表現出了超人的頑強剛毅精神。

性格的剛毅性是在個人的實踐活動過程中逐漸發展形成的，如果你想培養自己承受不幸的能力，你可以學著在生活中採用下列技巧。

1.下定決心堅持到底

局面越是棘手，越要努力嘗試。過早放棄努力，只會增加你的麻煩。面臨嚴重的挫折，要加倍努力和增快前進的步伐，並一直堅持到把事情辦成。

2.不要低估問題的嚴重性

要現實地估計自己面臨的危機，不要低估問題的嚴重性，否則去改變局面時，就會感到準備不足。

3.做出最大的努力

不要畏縮不前，要使出自己全部的力量來，不要擔心把精力用盡。成功者總是做出極大的努力，而面對危機時，他們卻能做出更大的努力。

4.堅持自己的立場

一旦你下定決心要向前衝去，要像服從自己的理智一樣去服從自己的直覺，頂住家人和朋友的壓力，採取你所堅信的觀點，堅持自己的立場。是對是錯，現在就該相信你自己的判斷力和智慧了。

陷入危機。

5.生氣是正常的

當不幸的環境把你推入危機之中時，生氣是正常的。重要的是，要弄明白自己為何會陷入危機。

6.不要試圖一下子解決所有的問題

當經歷了一次嚴重的危機或像親人去世這樣的嚴重事件之後，在你的情緒完全恢復以前，要滿足於每次只邁出一小步。不要企圖當個超人，一下子解決自己所有的問題。要挑一件力所能及的事，就做這麼一件。而每一次對成功的體驗都會增強你的力量和積極的觀念。

7.讓別人安慰你

無論局面好壞，失敗者總是一味地抱怨。結果當危機真的來臨時，人們很少會信以為真和安慰他們，因為人們已經習慣了他們的消極態度，就像那個老喊「狼來了」的孩子一樣。

但是，如果你是個積極的人，平時能很好地應付自己的生活，那麼，在困境中，你可以放心地把自己的懊悔和恐懼告訴別人，給別人安慰你的機會，你理當得到這種支持，而且對於自己這種請求，你完全可以感到坦然。

8.堅持嘗試

克服危機的方法不是輕易就能找到的。然而，如果你堅持不懈地尋求新的出路，願意在成功的可能性很低的情況下去嘗試，你就能找到出路。

要保持頭腦清醒，睜大眼睛去尋找那些在危機或困境中可能存在的機會。與其專注於災難的深重，莫若努力去尋求一線希望和可取的積極之路。即使是在混亂與災難中，也可能形成你獨到的見解，它將把你引導到一個值得一試的新冒險。

誰笑到最後，誰笑得最甜

人在奮鬥過程中吃盡了苦頭，最後的笑聲才是最甜的，最後的成功才是具有決定意義的成功，起初的成就和痛苦只不過都是為後來而設的墊腳石。

很多比賽往往是先勝後敗，結果落得一無所有，連最初的一點小勝也白搭了。這時需要總結失敗的真正原因，奮起再戰，以期待下次最後的微笑！

人性叢林中的競爭過程很重要，但結果更為重要，甚至可以說結果決定了你的過程。結果一無所有，那麼你的過程也就毫無意義。結果是成功的，你的過程才有存在的價值和意義。比如，有人少年得志，在商場上先是如魚得水而大賺，後來卻大賠，最終窮困潦倒而一無所有，那麼眾人會怎麼評價他呢？

因此，爭取做「最後的勝利者」，才是我們在人性叢林中行走的最高戰略目標。為了達到這個戰略目標，以下幾點是應該注意的：

1.不要過於看重某一次勝利

如果能取勝盡量取勝，當然不必放棄，因為勝利可以增強我們的自信心、提高士氣；

但如果這個勝利的意義不是很大，跟取得「最後的勝利」相衝突或無關，且又消耗體力、腦力，那麼我們完全可以放棄這個勝利。

2.不要過於看重某一次失敗

一次小小的失敗對「最終的勝利」並沒有太重要的影響，那就隨它去吧。

3.認清局勢

要站在戰略的高度，認識現在是處於什麼階段，該如何去實施戰術。要對戰局有一個清醒的認識，而不是眉毛和鬍子一把抓，糊里糊塗，甚至當「最後的決戰」到來時仍不知道，這樣勢必會貽誤了戰機而走向失敗。

4.保住每次的作戰結果

只有每次一點一滴的積累戰果，才能將自己的實力壯大而作最後的決戰。人有一個通病就是好戰，一旦取得了一次勝利，便試圖梅開二度。萬一下次失敗怎麼辦呢？所以必須仔細衡量，以保住目前戰果為佳。

人的一生也是這樣，「最後階段」的勝利也是由人生不同階段積累而得來的，前半生失敗，到了老年再去爭取勝利，還有力氣嗎？畢竟，沒有戰果的戰爭根本不算勝利。

總之，但願你能笑到最後，你將笑得最甜！

第三章

工作不以固執為進

做一個井井有條的人

現代人每天的生活就像是上緊發條的時鐘，忙碌的上班族每天都有打理不完的瑣事，既影響了心情，又降低了工作效率。

在生活中，做一個井井有條的人，既能省時，又能創造經濟效益。如果善於利用時間的話，每天至少有整整一小時，可以用來做更有效率、成果更好的事。不然的話，這一小時很容易白白浪費掉。

你如果按照科學的方法，經過一番訓練，時間、精力都能發揮最大的作用，所得的報償自然相對提高，獲得更多的利益。這也正是邁向成功之路的秘訣。

很多年前我就發現，大多數人無法如期完成工作的原因，是他們已經不清楚自己該幹什麼才好。他們把該辦的事、該回的電話全忘了，自己應該發出去的信不知怎麼還壓在辦公桌的抽屜裡，拖來拖去，當然沒辦法準時交差。

這樣的後遺症，造成了人管不了事、事管不了人，完全失去局面的控制。他們寶貴的時間，並沒有用來完成有效益的事情，反而全浪費在解決雞毛蒜皮的小事上面。

一天下來，早就累得人仰馬翻，身心俱疲，哪還有力氣思考什麼長遠的計畫？更別提處理大事了！當然，他們的確累得要命，工作也很賣力，但是他們忙得沒有結果。

我們該怎麼扭轉頹勢呢？就從清理你的辦公桌開始吧！

成功者的辦公桌是什麼樣子？你一定認為這個題目有點小題大作。是整整齊齊，還是滿桌子的資料？該進該出的檔案，是否都成了積案？四周是不是貼滿了提醒你做這做那的小紙條？

如果你對以上問題的答案有任何一個是肯定的，那你的辦公室就和大家的辦公室沒什麼兩樣。在大多數公司裡，似乎每個人的桌上都是一團亂。不過我想問你一個最基本的問題：「我們幹嘛要把東西全都堆在桌子上？」

答案很簡單。我們把檔案夾、留言條，全往桌上擺，想提醒自己別忘記。我們以為只要自己看見這堆東西，就會記得動手處理，可是往往事與願違，這些小紙條不是常常不翼而飛，就是被埋在層層資料之下，只有在電話猛然響起，或是有人找上門來，向你討這要那時，我們才會猛然想起，事情拖了大半天還沒做。

要把事情整理得井井有條，其實很簡單，一旦上了軌道，你會發現要保持這種習慣並不困難。到了你確定清理書桌的那天，請把門關上，準備好垃圾桶，「這份是什麼文件？

這檔案怎麼到我手上的？我打算怎樣處理它？」

要是你想不到它還有什麼保留的價值，馬上把它扔掉！你桌上至少有百分之六十的東西都可以扔掉。要不然就放進回收筒，或是改發給別人。

把桌上堆的東西都處理完後，也別忘了把你貼在牆上、電腦螢幕上的便利貼都仔細看過。要是你再勤快一點，何不大刀闊斧，把櫃子、窗台，還有其他你可能把檔案順手一擱、任其繁殖的地方，都一併清理乾淨。

這下子，你馬上就可以把亂成豬窩般的辦公桌，變得清清爽爽。待你一切就緒，手邊應該就會有一疊檔案夾放置著你想留著的檔案，你的桌上只會剩下筆記本、電話、電腦而已。

桌上堆的檔案都清理過後，接下來就輪到你辦公桌的抽屜。

你知道大家在抽屜裡都放些什麼東西嗎？要是把我看到的講出來，你八成會以為這些人是開博物館、雜貨店或搞古董買賣的。舉例來說，像是：面紙盒、過期的雜誌、報紙，甚至還有小食品。

當然，每個人的辦公桌，多少都有一個專堆雜物的抽屜，可是你不會讓每個抽屜都變成垃圾場吧！只要花一點工夫整理，你就可以把抽屜中不必要的東西清得乾乾淨淨。抽屜清光了，你就可以把桌上重要的檔案夾放進來。一般人大約在半小時內，就可以完成這些工作。

完成之後，把你歸入「保留」一類的檔案放回檔案夾，再把這些檔案夾，根據時間的排列，歸入抽屜。

辦公桌內多半有一個抽屜，是設計成專門放檔案夾的。你要把這個抽屜當成一塊沃土來好好照料。你最常翻閱的檔案和資料，應該放在隨手能拿到的地方，至於有保管價值但你很少看的檔案和資料，不應占著辦公桌附近的位置，應該放到邊櫃的檔案抽屜，或是辦公室的其他檔案櫃，或全公司的中央檔案系統。

還有，你可能不會再翻閱（除非有大麻煩發生）但非留不可的檔案，應放在可搬動的檔案箱中，放到辦公區域以外的地方。

抽屜裡要有許多備用的檔案夾，當你想開新檔案夾的時候，順手一拿，然後寫上這個檔案的標籤，不要浪費時間去打字，雖然打字的標籤看來整齊美觀，但要一個個打字，是相當耗時的工作，尤其是當你只打一個標籤的時候。

在你為辦公桌進行大清倉時，會發現自己積攢了一堆專業期刊、員工刊物、雜誌、報紙等等，但這些你都想留著看，怎麼辦？我建議你做一件非常有益的事：剪報，把有用的資料留下來，建立閱讀檔案。

在這個瞬息萬變的世界上，誰能快速活用資訊，誰就掌握了高度的競爭優勢。所以要是有信件、備忘錄、刊物、報章雜誌等傳到你手上，先快速流覽一遍，看看有沒有你可以立刻派上用場的內容。

如果這份資料的確很重要，就立刻看完。若是沒那麼緊迫，就先把它放在你預備好的專用剪報閱讀檔案夾中。等到你有空了，再打開這個檔案夾，看看有沒有重要資訊，用完的資料，要記得歸入適當的檔案，或者你也可以針對某個主頁開個檔案夾，把相關的資料都放進去。

每天早晨你做的第一件事應該是安排這一天的大事表，先把新的工作加進大事表中，然後按照你的安排進行工作。大事表第一頁寫完了，就另起一頁繼續寫，不要擠在空白的地方。

等你完成了大事表上約半數的工作，就逐一劃掉，下班回家前，記住再看一遍大事表，想想隔天最重要的工作，然後為自己排定時間，寫在行事日曆上，便於隔天一早就動工。這也是非常好的省時省力工作秘訣。

提高你的工作效率

工作效率低的重要原因之一，是對工作缺乏熱情。試想，當你冷淡地出現在辦公室裡，案頭的工作對你而言就像是一具具枷鎖，使你厭倦，又怎麼能愉快地去完成它們呢！請把你的精神提到十二分，滿腔熱忱地面對工作，工作效率肯定會提高，你也一定會以出色的成績贏得老闆的讚賞、同事的敬佩！

當你情緒低落、精神緊張或感覺沉悶，並且辦公桌上的工作被擱置時，立即請同事幫忙打一些文件；請送信員與你一同處理大堆要寄出的信件；若你需要解決一個複雜的計畫，把它分化成數個小單元，一天完成一兩個；或給自己一個完成工作後的獎勵，如到海灘享受日光浴。

要是你還不清楚要點，可考慮以下的方法：

1. 短暫離開

在你最苦惱的時候，停止工作十五分鐘，離開辦公桌，去喝杯水或踱步，然後當你重新返回崗位時，就有一股新氣氛，令你更易投入工作。

2. 訂定期限

若工作實在太多，不知從何入手，給自己訂一個完成日期吧！不管工作由你一人去做，還是有別人參與，都要以那個「日期」為目標。

3. 整理環境

資料亂七八糟，不管是誰也興趣索然，請把所有東西收拾好，只留下你將要處理的資料，這樣可以減輕壓力，使你工作更舒服。

曾有一位高級經理說：「半年前，老闆要我在兩個員工中選擇提升一人。甲的工作表現一向良好，乙則在情緒穩定時表現傑出。最後甲獲得晉升，因為我需要的是一個隨時都能效命的助手，而不是一個間歇地創造奇蹟的人。」由此可見，穩定的情緒對工作的重要性。那要如何保持穩定的情緒呢？

1. 佈置工作環境

先將工作環境佈置一下，放一些精緻的小擺設、禮物和綠色盆景吧！它們會在你心情不好時，貫注一道暖流；何況，有親切的東西陪伴左右，你的心情一定會好許多，工作起來更起勁。

2. 轉移焦點

當你心情煩躁時，要少會晤客戶。邀約朋友共進午餐，可以緩和緊張的情緒。抽屜裡不妨放些消遣用的雜誌，在緊張、苦悶的時候，或許會派上用場。

3. 隱藏煩惱

你必須學會把煩惱都先藏起來，因為工作若因你的情緒問題而被弄得一團糟，還有誰願意去理會你的情緒呢？

如果你一向在工作上表現出色，卻因為失戀不能集中精力工作，頻頻請病假，午餐時常常向友人訴苦，以致浪費兩個多小時……過去努力換來的地位將會毀於一旦，這也太不值得了吧！

若一些私事令你情緒低落，工作又並不太忙碌，索性放一天假，處理私事或消遣一下，先把情緒穩定下來。可是，工作堆積如山，怎麼辦呢？

不妨先把精力都集中在工作上，甚至超時工作，把工作提早完成，當一切做妥後，那種滿足感和成就感，或許就能超過你的傷感呢。

善借他人之力

在現代經濟迅速發展的社會中，各行業各部門之間的競爭都非常殘酷，單靠一個人的能力是很難取得事業的成功的。因此，必須善於借用別人的力量，才能取得事業的成就和創造燦爛的人生。

二〇〇〇年，美國富士比雜誌評出的五十位中國富豪中，其中第二十四名的張果喜，就是善於借別人的力量為自己辦事的高手。

張果喜素有「巧手大亨」之稱，他看准了佛龕在日本市場的潛力，就招聚公司員工進行分析、達成共識，使產品在日本市場一炮而紅，成為日本佛龕市場的老大哥。

公司為了經營的需要，在日本委託了代理銷售商，但一些富有眼光的日本商人看到經營這種佛龕有大利可圖，為了賺到更多的錢，就想繞過代理商這一關，直接從果喜實業集團公司進貨。

張果喜仔細地考慮了這件事情。

從眼前利益來講，從廠方直接訂貨，就減少了許多中間環節，有利於廠方的銷售，然而卻破壞了與代理商之間的關係，同時佛龕在韓國和台灣也有相當大的生產能力，代理商如果背向自己，與韓國或台灣生產廠家掛鉤，豈不影響本公司的利益嗎？

張果喜果斷地回絕了那些要求直接訂貨的日本朋友，並且把情況轉告給代理商，向代理商表示，公司在日本的業務全部由代理商處理，公司不通過其他管道向日本出口佛龕。

代理商聽後，很受感動，在佛龕的推銷和宣傳方面下了很大的功夫，並且在日本市場打出了「天下木雕第一家」的金字招牌；從而使張果喜公司的佛龕在日本市場上站穩腳跟。

一個人，縱然是天才，也不是全能的。所以一個人要想完成自己的事業，就必須要利用自己的才智，在事業的征途中，恰當地選擇人才，借助他人的能力和才幹。

王石是萬科集團的董事長兼總經理，也是一位善借他人之力的智者。他在經營萬科的過程中，曾多次向社會招聘賢才。

L君原是萬科集團的一名職員，可不知什麼原因，忽然不辭而別。

王石在公司與L君一起工作的時候，發覺L君很有才幹，且上下左右的關係也處理得非常融洽，就這樣讓他辭職很可惜。而且L君在某些方面的長處，又能為公司帶來取長補短的效果。

於是王石左思右想，花了很大力氣，終於說服L君重新加入公司，而且在L君的配合下，齊心協力，為公司賺了幾百萬元，使得公司營業額超過兩億多元，在深圳五家上市公司中名列第二。

萬科成功的奧秘當然不只是借用人才，但是善於借用人才之力，顯然是其第一的重要因素。

現代社會已經進入了資訊時代，掌握了資訊，就等於掌握了市場，掌握了主動。資訊的閉塞，就可能使人貽誤戰機，遺憾終生。廣泛地結交朋友，借助他人獲取自己所需的資訊，也是取得事業的成功的重要手段。

靈活些，別難為自己

1. 做人別太固執

固執己見似乎讓人感到有個性，但更多時候給人的感覺是頑固不化。

太固執的人總會自以為是，很輕易地得出一個結論後，就認定是最終真理，別人如果有不同看法，就肯定是對方有哪兒出問題了。太固執的人也很容易輕視別人，否定別人，並且剛愎自用。三國名將關羽之所以最後敗走麥城，被俘身亡，最大的一個原因就是固執偏激，剛愎自用。

太固執的人很容易對人產生偏見。在他們眼裡，爺爺是小偷，孫子也好不到哪兒去；一個人從監牢裡出來，他這一輩子肯定不會幹好事……讓一個太固執的人去當老師，班裡比較差的學生，永遠得不到翻身；讓一個太固執的人去做老闆，他的職員永遠不能犯錯誤。但世界「牛仔大王」Levi's的公司，卻有百分之三十八的職員是身障人士、黑人、少數民族和一些有犯罪前科的人，他們在那裡都做得好好的。

太固執的人不易接受新事物。他們總認為自己的一套是最佳的，對新事物他們其實根本不瞭解，但他們卻煞有介事地說出一大堆憑空想像的侷限和不足，儼然像專家。

他們會堅持認為電腦沒有算盤準確，即使他兒子還是個電腦工程師；他會認為生兒子當然比生女兒好，即使他女兒成了名人，他也會堅持認為這是上帝開得一個玩笑。

太固執的人肯定沒有好人緣，要想改變這種性格，首先得試著去理解人，試著從別人的角度來考慮問題。抱著一個信條：在不瞭解一個人或一樣東西之前，別妄下結論。

2.換條路可能會更好

「千萬不要吊死在一棵樹上。」做一件事可以有無數種方法，未必只有一種才是最佳的，轉轉腦筋，試著換種方法，你會感覺豁然開朗。有了這種「換條路」的思考方式，你會發現還有很多最佳方法。

聰明人總在想著如何「偷懶」，別人做這件事花了三百元，我能不能少花些，別人做這件事用了兩天，我能不能只用一天半。

辦法是人想出來的，即使你比別人笨一些，只要你多花些時間去想，就可能做得比其他人更好，在別人眼裡，你就是一個聰明人。所有成功者都是用與眾不同的方法才做出了驚人的成績。

「世界八大船王之一」的包玉剛之所以能從一條船起家，由一個不懂航運業的門外漢一躍成為一代船王，就是因為他時時處處都在想著如何才是最佳的。當別人都在搞房地產的時候，甚至當他父親也主張投資房地產時，他經過分析卻決定投資航運業；當別的船主都在用「散租」的方式獲取暫時的高額租金時，他卻用「長租」的方式獲得穩定的收入，同時也贏得了無數固定的大戶顧客。

他之所以成功，不是因為他是「包青天」包拯的第二十九代子孫而有特殊的遺傳基因，而是因為他總能發現常人所用方法的弊端，同時又想出一套更佳的新方法。

當你發現環境不利的時候，那就試著去換一個地方。當你發現手下人不稱職時，就堅決地撤換。當你發現靠每天一封情書向人求愛效果不靈時，就試試一個禮拜不給她寫信。

總之，發現「不行」你就得變，而發現「行」你也得變著「更行」。喊出「車到山前必有路，有路必有豐田車」的豐田公司，所採用的「參與制」，就是近乎苛刻地挖掘任何一個可能「更行」的機會。

一九七七年，豐田公司全體員工提出了四十六萬多條合理化建議，每人平均十條，為公司節省開支二百六十多億日元。

要想成功，就得時時刻刻想著：「是不是可以換種方法。」

3.不要走極端

有些人要麼很好，要麼很壞，要麼是躊躇滿志，要麼是萬念俱灰，稍受鼓勵就信心倍增，稍受打擊就萎靡不振，雖然說人生是一場戲，但你也不能故意把它搞得大喜大悲，這對身心是很不利的。

有極端思想的人往往是一個完美主義者，或者說是一個理想主義者。在事情開始之前，他們總會把事情的結果想像得很美好。由於看了一張介紹炒股成功者的報紙，他們就會浮想聯翩：如果我也去炒股的話，說不定我能賺個幾十萬，然後我就能買幢房子，當然也要給女兒買架鋼琴。而一旦事與願違，他們就會痛苦萬分，極大的反差加上沒有任何的思想準備，定會讓他們消沉一段時間。

有極端思想的人往往是易衝動、缺少全面考慮的人。他們對一件事情投入得特別快，他們會調動一切情緒專心於一件事。當他受了別人的啟發，決定開始學外語時，他會專心致志地訂好計畫，而且立刻跑到書店買來外語書，還有一大堆參考書和工具書。

但學了三天後，就覺得計畫是否該改一下，參考書是否太深了。再過幾天，就會問自己：學了外語到底有什麼用？然後就可能像沒發生過這事一樣，過起了原來的生活。

我們要試著去改變這種極端思想的做法，首先，要有接受挫折與失敗的心理。在事情開始之前，要告訴自己：結果越美，往往困難越多。要出門旅遊，你不能光想海邊風景多迷人，在大海裡游泳多暢快，到山頂眺望多麼心曠神怡，你得想想在海邊會晒黑，夜裡會皮膚發痛，那座山很陡，小心不能摔跤。

其次，我們在事前不要把結果想像得太完美，可以告訴自己：能有七分成功就算很不錯了。期望值不能太高，以免失望太多。我們也可以告訴自己：做事要多看過程，只要我們盡力就行了。

萬一我們不幸遭遇失敗，我們應告訴自己：生活大部分時間是平淡無奇的，我們只不過又回到了起點，讓我們從頭再來。

4.別總是後悔

因為一件事做得不完美而後悔，或因為不經意的一句話傷害到別人而後悔，這都是難免的。但如果一個人經常話一出口就後悔，那就不大正常了。

這種壞習慣有時候是因為猶豫不決的性格造成的。有的人面對選擇時，總會考慮得無比周到。從大到小、從前到後，樣樣要都考慮，到最後把自己給搞糊塗了，不知如何做出選擇。

最後好不容易在別人的幫助下，或在內心的催促下做出了決定，可話一出口馬上後悔，心裡想：可能做另外一種選擇更好。

由於猶豫不決而常後悔的人，總會有種失落感，本來做出選擇是件很痛快的事，對他來說卻是痛苦的事。去購置一樣東西本來是一種享受，他卻體會不到這種滿足。上街去吃火鍋，走過麥當勞門前，會禁不住想：吃麥當勞也不錯。當火鍋已經在面前了，麥當勞的香味還縈繞在眼前，火鍋的味道肯定減了一半。

如果你是一個優柔寡斷的人，你得在做決定之前先弄清楚：我選擇的首要標準是什麼。在做選擇之前先把標準的順序排好，如果只想買支筆，能寫就行，那就挑支便宜的。在做出決定以後，只能想我選的東西有多少優點，別去想別的，要有一種知足常樂的心理。

而如果是欠考慮、易衝動的人，為了避免後悔，你要告訴自己：凡事要三思而後言。特別在感情衝動時，要立即警告自己：別光從自己的角度出發，和別人開玩笑，你要想想他會不會生氣。在批評人時，也要想想對方會怎麼想，不能光顧自己發洩。在承諾別人時，不能光讓對方滿意，也要考慮一下自己能否承受得了。

樂於接受別人的忠告

人非聖賢，孰能無過？我們每個人在性格或待人處事方面，難免有不曾發覺的死角或是一時疏忽。若在此時，有人提醒我們的缺點，我們應衷心感激不已。所謂朋友之道，貴在勸導忠告，忠告是別人送給你最豐富的禮物。

《史記．留侯世家》說：「良藥苦口利於病，忠言逆耳利於行」。而孔子也說過：「人受諫，則聖；木受繩，則直；金受礪，則利。」

然而現代社會，能夠直言不諱地指出他人缺點者已日漸減少。無論是你的上級、長輩或同事，大都不願意冒著使別人惱恨的危險去忠告別人，追究其原因，如果人人皆能誠懇、虛心地接受別人的忠告，而且都期待他人的忠告，這種現象又如何會出現呢？

平心而論，真正能夠苦口婆心地勸告我們，指責我們的人是誰呢？不外是父母、師長、兄弟姊妹、妻子朋友或子女等。他們的日的無非是希望我們在人際關係上更圓滿，在事業上更成功。

但是，忠言逆耳，大多數人對於忠告總有一種反抗心理，從而導致原有的密切關係破裂，在某種程度上，提出忠告確實是一件危險的事情。如果在這種情況下仍有不顧後果提出忠告者，一定是對我們懷有深厚感情之人。

一個從來不曾受到他人忠告的人，看似完美無缺，實際上可說他是一個毫無良好人際關係的真正孤獨者。

由此看來，受到忠告正說明你周圍有人在關心你。但是，若接受忠告時的態度不夠坦然，則將會使你的朋友棄你而去。

從另一個角度來說，忠告者也能從你的態度中得知你是否是一個坦誠的人，或是個驕傲自大的人，或冥頑不靈的人，進而影響對你整個人格的評價。一個謙虛上進、追求完美的人，一定是個能夠接受任何善意建議的人。如此，即使是與你只有點頭之交的人，也將樂於對你提出忠告。

具體而論，接受別人的忠告，應把握以下幾點：

1.要「照單全收」

忠言必須「照單全收」，不管正確與否，事後再慎加選擇，切莫拒絕，更不能當場輕下諾言。

2.誠懇的道歉

「啊！是我疏忽了，十分抱歉，今後一定改進。」「對不起，這是我的錯，請你原諒。」如能誠心地道歉，對方一定能原諒。

3. 不逃避責任

別人忠告你時，如果你「但是」、「不過」、「因為」等如此一味的辯解，或急欲掩飾過錯、保護自己，只會使你的過失更加嚴重，使存在的問題變得更加複雜，因而無法尋找正確的解決之道。

4. 不強詞奪理

有些人在犯錯誤之後，受到長輩的指責，非但不思悔改，反而理直氣壯地陳述自己的不正確的理由，說什麼：「難道你就那麼十全十美從沒犯過錯誤嗎？」如此的態度將使長輩甩袖而去，再也不管你的事了，這對自己有害無益，而且將會阻礙你人格的發展。

5. 不自我寬恕

許多人遭到失敗時，總是替自己找許多理由和藉口來寬恕自己。或認為不是自己能力不高，而是時運不濟等等。如持這種態度，最終仍將無法克服自己的缺點，而使自己更顯孤獨，對於別人的忠告不要默然置之，必須表現出樂於坦誠接受的態度。

6. 對事不對人

對於別人的忠告，應仔細反省其所指責的事物，絕不應該耿耿於懷。敞開胸懷接受批評，澈底反省、思過、改進，接受忠告並善加活用，使他人的忠告成為自我成長的原動力，這才是一個正常人應持的正確的處世態度。

做最好的準備，做最壞的打算

中國有一句老話是「生於憂患，死於安樂」，意思是說人們在比較困苦的環境中，因為容易催發奮鬥的力量，反而能更好地生存，而在相對安樂的環境中，因為沒有生存的壓力，就容易產生懈怠心理，反而會為自己帶來危難。

這一句話也可以這樣理解：人們如果時時都有憂患意識，在完成事情過程中不敢有絲毫的懈怠，那麼便能達到成功的目的，如果安於享受，抱著今朝有酒今朝醉的態度去生活，那麼就真有可能招來失敗。

不管將上面的那句話做何種解釋，它的本質都是一樣的，那就是人要有憂患的危機感。借用現代的流行語言來說，就是要有生存的危機意識。

一個國家如果沒有危機意識，這個國家遲早要滅亡；一個企業如果沒有危機意識，遲早會垮掉關門；一個人如果沒有危機意識，必會遭遇到不可預測的失敗。

也許你會說，你命好運氣又好，根本不必擔心明天會如何，也不必擔心有什麼順境與逆境之分，因為你自以為能夠「逢凶化吉」。但問題的關鍵是，你真的能用命好運氣好解決一切難題嗎？

也許你會說未來是不可預測的，「是福不是禍，是禍躲不過」，既然如此，何妨一切都隨緣，又為什麼要有危機意識呢？

沒錯，未來是不可預測的，就是因為這樣，我們才要有一種危機意識，在心理及實際行為上都要有所準備，好應付突如其來的變化。如果沒有準備，不要談應變，光是心理受到的打擊就會讓你手足無措。有危機意識，或許不能把問題澈底消滅，但卻可以把損失降低，為自己留得退路。

伊索寓言裡有一則這樣的故事：有一隻野豬在樹幹上磨它的牙齒，一隻狐狸見到了，問他為什麼不躺下來休息享樂，而且現在也沒有看到獵人和獵狗。野豬回答道：「等到獵人和獵狗出現時再來磨牙齒，一切已經來不及了。」

顯然，這隻野豬就是具有危機意識。

那麼，一個人應該如何把危機意識落實到具體的日常生活中呢？這可以分成兩個方面來談。

首先，應該落實在心理上，也就是心理要隨時有接受、應付突發事件的準備，這是一種心理建設。心理有所準備，在遇到挫折時便不會慌了手腳。

其次，要在生活中、工作上和人際關係方面有以下的認識和準備：人有旦夕禍福，如果有意外情況的發生，要想到以後的日子怎麼過？要如何才能解決困難？世界上沒有永久不變的事情，萬一失手了怎麼辦？萬一自己的身體健康出了問題，又該如何呢？

其實，你所想到的「萬一」並不僅僅只是所列的這幾方面，所有的事情你都要有「萬一……怎麼辦」的危機意識，並且要做到未雨綢繆，預先做好充分的準備。

尤其關乎前程與一家人生活的事業，更應該有危機意識，隨時把「萬一」握在手心裡。只要心理有所準備，你自然就不會太高枕無憂。人最怕的就是過上安逸的日子，那樣很容易讓人變得毫無鬥志。

曾有這樣一個人，整整十年都在過著平靜無波的生活，如今工作無進展，前進或後退都沒選擇，而且他已經不再年輕，可他又不情願這樣淪為被別人瞧不起的小角色。後來呢？他還是只能扮演一個不起眼的小角色。這正是「死於安樂」的最好例子。

所以，從現在開始就做最好的準備，以防「萬一」真的發生在我們的身邊。

不知你現在所處的狀況如何，是憂患呢？還是安樂呢？憂患不足以讓人畏懼，倒是安樂才是人生的大敵！

磨練你的先見之明

平常我們說，在工作中要「眼觀六路，耳聽八方」，意即要拓展眼界，廣開言路，不要僅僅侷限於鼻尖上的一時一事。這其間的全方位中，又以向「前」看最為緊要，放開眼光，立足現在，預測未來，即先見之明。

有先見之明者，就是眼光為別人所不及，就是睿智為別人所不及，就是冷靜為別人所不及。

先見之明所以重要，是因為沒有它就容易犯錯。人無遠慮，必有近憂。先見之明能幫助我們避開面臨的危險，一個人有先見之明，他必定少走彎路。少走彎路，自然能夠較快成功。

看得遠，才能走得遠；走得遠，才能做得遠。

毫無疑問，工作中需要具有內心的準備和先見之明的能力。對自己的工作和上司的工作能瞭解，經常能有先見之明，任何事情若能搶其先機，先發制人，才是成功的捷徑。

在早上上班的尖峰時間，想搭車去上班真是一件苦差事。因為每一部車都是滿的，有時到站不停，車內人擠人，有時連氣都喘不過來。

可是如果在上班時，提前十分鐘或二十分鐘搭車，情形又不同了；乘客很少，而且有空位，在車上還可以看看報紙，只十分或二十分鐘之差，即有那麼大的不同。可是大家都不願提前出門，寧願忍受擠車之苦。

工作有時就好像這種乘車的情形，明知制人於先機，就是成功的捷徑，但就是無法力行，這或許就是人性的弱點。

你要有洞察先機、先發制人的能力。因為競爭是真刀真槍的決鬥，只許贏，不許輸。聽古代劍術名家的故事，常有「在刀尖三寸前躲過」的描寫。對方揮刀砍過來，刀尖快觸到自己身體的一剎那，閃身躲開了。

可是對方也是高手，來勢猶如閃電一般，要躲開不是那麼容易。等到對方砍過來才考慮如何躲閃，是來不及的，必須靠條件反射作用，本能地閃開才行。不過，這些要靠長期磨練才會有靈敏的直覺。在無意識中，對方的一舉一動都要明白於心，不然在真刀真槍的世界是站不住腳的。

經營事業也可以這麼說。無論什麼時候，公司都在激烈競爭的漩渦中，為了不在競爭中落後，必須將對方的想法、動向摸得一清二楚。

「遇到這種情形的時候，這個公司一定會採取這樣的對策，那個經營者的想法一定是這樣……」如能料事如神，才能夠做到「我們公司應該用這個辦法應付；他們那樣我們就這樣」，事先有心理準備，公司就有應變的措施。

如果待對方採取行動才來研究對策，在這個變化多端、競爭激烈的時代，是註定要落伍的。要事事搶先一步，制敵於先機。

把競爭當成真刀真槍的決鬥也是必要的；真刀真槍地決鬥，只許贏，不許輸，輸了腦袋就沒有了。這個要求雖然苛刻了一點，但是要做一個成功的經營者，就必須往這個目標努力。

深事深謀，淺事淺謀，大事大謀，小事小謀，遠事遠謀，近事近謀，都必須具備深遠高明的見識與策略。計謀貴在高人一等，策略貴在遠人一著。能看到人們不能看到的，思慮人們不能思慮的，推算人們不能推算的，這才是遠謀大略。

你想永遠領先，就必須處處爭先，永遠爭先。先人一手，先人一著，而又不停止在這一手，這一著上，即使他人奮起直追，也仍然保持著那段距離，你總是處於領先的地位。這樣，不管面對什麼工作，都可以胸有成竹、遊刃有餘了。

一把抓住問題的要害

怎樣才能找到做大事的切入之道？首先，要有高瞻遠矚的目光，又要有明察秋毫的眼力。「百智之首，知人為上；百謀之尊，知時為先；預知成敗，功業可立。」即做事能一把抓住問題的要害，這是成大事的必要條件。

所謂知人，就是善於瞭解人，有知人之明；所謂知時，就是善於洞察世事，能夠掌握做出決斷的時機；所謂知成敗，就是能夠根據上述兩個方面，對軍事、政治等各個方面的發展變化做出預測，並同時為取得最好的結果而積極準備。

《孫子兵法》裡有這樣一段著名的話：「知己知彼，百戰不殆；不知彼而知己，一勝一負；不知彼，不知己，每戰必敗。」這可謂是古往今來的戰爭的總結。

「知彼」的情形十分複雜，包括對對方將帥、士氣、作戰能力、所處形勢等所有方面的綜合瞭解。如果說「知彼」難的話，「知己」就更難，所謂「當局者迷」，人們往往很難對自己做出客觀的評價。如果既能客觀地評價自我又能全面地瞭解對手，那麼就會無往而不勝了。

在「知彼」的諸多方面中，瞭解彼方主帥的性格、謀略、為人、心態、志向等因素恐怕是十分重要的，也是首要的。只要能吃透對手，對他的意圖了然於胸，那主動權也就牢牢在握了。哪怕己方不如對方，只要能把握住對方，也不至於大敗，這就是所謂的「惹不起，躲得起」。

中國歷史上還有很多著名的政治家，他們往往有如神算，似乎上知千年，實際上，他們也是平凡普通，只不過善於根據社會形勢、人事去分析得失成敗以及各種力量的對比發展罷了。

所以，高瞻遠矚就成了政治家必不可少的素質，所謂「人無遠慮，必有近憂」，說的就是這個意思。而具體的世事變化之後，總有一定的發展規律，把握規律就能有正確的預測。歸納起來，不外乎從社會發展、形勢變遷、人事轉化三個方面入手。

在《三國志》中有一篇著名的《隆中對》，是諸葛亮在隆中回答劉備有關天下大勢的諮詢的。在這席冠絕千古的談話中，諸葛亮未出隆中就三分天下，而其後的形勢也與他的預測不謀而合，諸葛亮可謂是一位「國際形勢預言家」了。

但細看這篇「隆中對」，就可看出諸葛亮對天下大勢的論斷與局勢的把握不是靠能掐會算給看出來的，而是完全依據現實形勢、人事的全面瞭解和細緻周密的分析而做出的。

還有很重要的一點，就是他一出了隆中，就盡心盡力地輔佐劉備，可謂鞠躬盡瘁，死而後已。正是靠了他的努力，劉備才得以與曹操、孫權抗衡而三分天下有其一。

看來，要想做一個政治預測家，不能以隔岸觀火的悠閒態度來對待世事，只有參與和投入其中，才能有比較深入的瞭解與正確的預測。從這個意義上講，他就不僅是政治預言家，還是政治活動家了。

相對來講，預知成敗並具體操作，要比單純的知人和知時要困難得多了，因為它是一項「綜合工程」。

司馬懿的兒子司馬昭，也可謂有知人之明，亦有政治家的才幹。他在派大將鍾會和鄧艾伐取蜀國時，做了一番細緻獨到的分析，可謂把鍾會和鄧艾緊緊地捏在手心裡，不論二人反與不反，都逃脫不了司馬昭的控制。

當初，司馬文王（司馬昭）想派遣鍾會征伐蜀國，下屬邵悌求見文王說：「臣認為，鍾會的才能不足以擔當統帥十萬大軍征伐蜀國的任務，否則只怕會有不測，請您再考慮考慮別的人選。」

文王笑著說：「我難道還不懂得這個道理嗎？蜀國給天下興起災難，使黎民不得安寧，我討伐他，勝利如在指掌之中，眾人都說蜀國不可以征伐，但人如果猶豫膽怯，智慧和勇氣就會喪失殆盡，智慧和勇氣都沒有了，估計也打不了什麼勝仗，只會大敗而歸。可是鍾會與我們主意相同，現在派他伐蜀，一定可以滅蜀國。滅蜀之後，即使發生了你所顧慮的事情，他又能做什麼呢？凡敗軍之將不可以同他談論勇氣，亡國的大夫不可以與他謀劃保存國家，因為他們心膽都已嚇破了。倘若西蜀被攻破，殘留下來的人震驚恐懼，就不足以與他們圖謀了；中原的將士各自思鄉心切，就不肯與他同心了，倘若作亂，只會自取滅族之禍罷了。所以你不必對這件事感到擔憂，只是不要把我的這些話告訴別人。」

等到鍾會稟告鄧艾有反叛的跡象，文王統兵將往西行，邵悌又說：「鍾會所統領的軍隊超過鄧艾五倍，只要命令鍾會逮捕鄧艾就可以了，不值得你親自領兵去。」

文王說：「你忘記了你前一陣子說的話嗎？怎麼又說不必我親自去呢？我自己應當以信義對待他人，他人也不應當辜負我，我怎能先對人家產生疑心呢？近些日子中護軍賈充曾向我說：『是否有些懷疑鍾會？』我回答說：『如果我派遣你去了，難道又可以懷疑你嗎？』我一到長安，事情就會自行結束了。」司馬昭的軍隊到長安時，鍾會果然像司馬昭所預料的那樣，已經死去了。

司馬昭深知二人必反，但又派二人前去，這是用其勇。的確，如果不是鄧艾出奇兵從陰平小路偷襲成都，蜀國還不知道何時才能攻破。正是由於鄧艾和鍾會兩人的內外夾攻，蜀國才毀於一旦。

但二人皆有反心，必然相互牽制，所以，鍾會先是逮捕了鄧艾，宣布反叛，然後又被部將所殺，鄧艾亦被亂兵所殺，二人取了成都，卻又拱手送給了司馬昭。

而且即使鍾會在蜀地反叛成功，司馬昭也不怕，因為他早已斷定，蜀地人心不可用，鍾會成不了大事。況且司馬昭聽到鍾會報告鄧艾反叛的消息，即起大兵西去，眾將不解，其實司馬昭用意不在對付鄧艾，而在對付鍾會。可以說，司馬昭實在是計出萬全了。

洞若觀火的政治預測，歷來被傳統智謀視為較高的境界。因為政治預測要比軍事預測複雜得多，政治預測是包括了軍事因素、經濟因素、政治文化和人事因素等諸多因素的一種綜合預測，其內容包羅萬象，其關係錯綜糾葛，若有一處考慮不到，就會產生重大的失誤。

因其並不像算命那麼簡單，能從紛繁複雜的資訊中突見端倪，需要大學問也需要大智慧，所以能夠做出成功的政治預測的人，已不是一般的政治家，而是預言家，先知先覺者了。

同樣，我們做別的事，也應當如此，否則你兩眼模糊，就會被假象所惑，看不清事情的本質，從而浪費許多精力。因此最成功的成事之道在於——抓住要害再動手！

做以人為本的企業家

成功的商人或企業家都十分懂得關心員工、愛護員工及鼓勵員工的創造精神。他們清楚地意識到，企業的經營者只有贏得全體員工的敬仰，才能帶領員工勇往直前，掃除企業潛在的障礙。

永野重雄曾頗為感慨地說：「經營者和雇員如同一輛車上的兩個輪子，其重要性及所肩負的責任是相同的。在企業內部，沒有經營者和雇員之間協調一致的巧妙配合，企業這部車子就難以正常運行。一個企業的領導者，最重要的工作是把所有有能力的人組織起來，並能充分地發揮他們的長處。」

熱愛自己的雇員是經營者最根本的問題。一個優秀的企業家，唯有做到讓員工們具有充分的自信，重視人才的開發與合理的運用，他的事業才能穩步發展。這就是土光敏夫振興東芝的「法寶」。

在古稀之年，土光敏夫經常親臨工作現場視察，他跑遍了公司在全日本的工廠，即使在節假日也要到所有工廠去轉一轉。他平易近人，能與所有的員工傾心交談，打成一片，因此他和公司裡的員工建立了深厚的感情。

一次，在前往姬路工廠的途中遇上了傾盆大雨，但他堅持趕到工廠，並在雨中和員工親切交談，並反復闡述「人是最寶貴的財富」。員工們認真傾聽他的每一句話，激動的淚水和著雨水在他們的臉上流淌。此情此景，震撼人心。

當他將要乘車離去時，員工們將他的車團團圍住，敲著他的車窗高聲喊道：「社長，您放心吧，我們一定努力工作！」面對這些工人，土光敏夫熱淚盈眶。他被這些為自己的企業而拼搏的員工深深打動，從而更加愛護員工、關心員工。

松下幸之助的經營哲學也是愛護員工、關心員工，心裡時時想著員工。他認為「人是事業的根本」這句話是管理的經典。任何經營者，在有了能夠盡職盡責的人以後，成功就成為舉手可得的事了。他這樣寫道：「組織和手段在經營中固然重要，但這所有的一切都是靠人來實現的。不管有多麼完善的組織，有多麼先進的技術，如果沒有使之發生效力的人，就不能完成企業使命。說到底一個企業要想對社會作出貢獻，讓自己昌盛地發展下去，其關鍵在於愛護你企業中的每一個人。」

松下幸之助經常對人說，在與對手談判時，也有想放棄的時候，但當他心裡想到滿身油汙、努力工作的年輕員工們，他的心裡就有一個聲音在喊：「我要對他們負責！」

有一次，他遇上了一個非常會討價還價的對手，當他想在不虧本的情況下成交時，腦海裡立刻浮現出滿身油和汗的員工，他想：「我這一點頭，怎麼能對得起這些拚命工作的員工。」於是，他便將自己的這一想法告訴了對方，對方注視著他，好像是從他的臉上讀懂了這種情感，微笑著說：「你的出價有很多堅持的理由，但你講的這個理由把我說服了。就按你說的價格，我們成交了。」

日本索尼公司前總裁盛田昭夫在他的《Made In Japan》一書中也曾這樣講過：「所有成功的日本公司，成功之道和它祕不傳人的法寶，既不是什麼理論，也不是什麼計畫和政策，而是靠人。確切地說是『愛人』。只有『愛人』才能使你的企業走向成功。日本經理最重要的工作就是發展與員工之間的那種微妙的關係，和員工建立一種情感，把公司建成一個充滿感情、充滿愛的大家庭。」

以人為本，對於任何一個企業管理者來說，都是成功的關鍵所在。人與人之間需要以誠相待，老闆和部下要心心相印。

在日本人的觀念中，公司就是一個大家庭，總裁就是雇員的衣食父母，雇員就是他們聽話的孩童。在西方國家，一個人調換幾次工作的情況是司空見慣的事，日本人通常始終如一地服務於一間公司。日本公司的老闆要求他的雇員熱愛他們的公司，永遠忠於它，把對金錢、物質的追求放在次要的位置，並要求每個雇員具有無私的犧牲精神，忠誠不貳地為公司工作。

在日本，公司領導者被看成是本公司雇員的衣食父母這一事實，不管是對整個公司還是對雇員本人來說，都是非常有利的。即便是在領導者退休以後，他仍可以公司雇員的長者對公司產生一定的影響，行使一定的權力，而公司則因此獲得政策上的相對穩定。事實上，許多這類老闆的提前退休，是為了從日常的瑣事中解放出來，以便他們將全部精力用於公司長遠發展的規劃。

日本許多商業巨頭都是集企業家和哲學家於一身的，他們的思想、品格對公司產生著巨大的影響。他們公司的品質也帶有他們個人強烈的個性特徵。

最具代表性的是出光石油公司的締造者出光佐三，他公開宣稱，他的集團就是一個家庭，既有專制的獨裁又有體恤雇員的人道，並以此作為推動公司向前發展動力。

一九六二年，年屆七十七歲的出光佐三發表了一篇聲明，對日本的家長式經營管理原則作了最好的闡釋。在聲明中，他做出了這樣的結論：「今天的世界正進入令人不安的政治混亂和經濟混亂狀態中。今後我們應該從唯物主義轉到超越物質的人道主義上來，轉到團隊上來，轉到其他事務上來。無論資本主義還是共產主義，個人主義還是集體主義，在這一點上是一致的。日本人民有能力最先解決這一問題，並對世界產生巨大影響。」

出光佐三認為，所謂多數人統治的原則並不是真正的民主原則，這種原則更談不上人道主義。在他眼裡，民主、自由、個人價值、公民解放，只有建立在無私的基礎上才會有意義。他把無私看作人類和平及幸福的關鍵。

多考慮員工的利益

要在事業上取得成功，單槍匹馬是很難有成功機會的。凡是事業成功的人，他們都有一群為他們服務的好搭檔，這一群搭檔就是他們成功的重要因素。

說來你不會相信，一個企業家能夠成功的祕密只有一個，就是：他們是否能夠跟他的搭檔——員工們——相處得好？

要跟員工們相處得好，要建立良好的賓主關係，首先要採取「水漲船高」的辦法，即要消除老闆和員工之間的界限，視員工們為自己事業的合夥人。

通常人們是不會把員工稱為合夥人的。可是仔細想想，他們不是合夥人又是什麼呢？一個人經營一種事業，覺得自己精力和時間耗費太多，不夠工作上的需求，於是他請來助手為他分擔這事業的經營企劃。要知道，一個人不能以個人的力量做太多的工作，於是請旁人來幫忙，這幫忙他的人，不是合夥人是什麼？

既然是合夥人，老闆和員工之間是絕對平等的。當老闆的，隨時可換用員工；做員工的，也隨時可以換個老闆。老闆有的是錢，員工有的是本領。老闆用錢去換取員工的本領和勞力，員工則用他的本領和努力去換老闆的錢，彼此是互為因果的。所以身為老闆，千萬別大聲咆哮地說：「哼，到底你是老闆還是我是老闆？」要是你的員工反脣相譏，幽默地說：「你是老闆，我也是老闆，你求我的力，我要你的錢。你這個老闆可以不用請我，我這老闆也可以不為你賣氣力！」相信你一定會下不了台的。

既然我們明白了賓主間是處於平等互惠的地位，要保持賓主間的良好關係，一定要做到下列幾點：

1.不隨意責罵員工，正如我們不能隨便責罵一個朋友一樣。

做老闆的只是雇請人來幫忙，我們一定要記住「雇請」這一個「請」字，這包括謙遜和客氣雙重意思。

2.不要把錢看成是萬能，也不要視自己是至高無上。

如果我們不尊重員工，他們採取起「甘地主義」來，受害的是誰呢？當然是我們自己。

3.應該與員工為友，建立起良好的友誼。

時時刻刻地想著：「怎樣去改善員工的待遇呢？」千萬不要老是有個壞念頭：「怎樣設法減少一些工資呢？」我們要明白，如果員工一旦少拿了工資，他的工作能力就成正比地削弱了，受影響的是我們自己的事業。

一個真正的企業家，他總是誠心誠意地為他的員工們打算：如何提高待遇，使他們安心工作，如何設立各種獎金，使他們更積極地發揮才幹……

這些都已成為工商業管理專家的重要課題。因為企業家如果不重視員工們的福利，不為他們的生活和出路設想，員工們就會不安於工作了，當然，也絕不會為這個機構貢獻出他們在工作中所深深體會到的，而又切實可行的改革方法。這樣，企業就會「原地踏步」，無法前進了。

企業一旦發生「原地踏步」的現象，其他的同業就會紛紛地從側邊超越，向前奔馳，遠遠地把那個「原地踏步」的企業拋在後面。結果呢？損失的還是那些不顧員工福利的企業機構！在商業上，這是個極嚴重的問題。不少企業家都發現這個癥結，急謀改善。只有那些只看自己而看不到別人的「企業家」，才會忽視員工利益。

再說，大部分員工都參加了工會組織，即使沒有入會，至少會跟同行的員工有所接觸。他們一旦離開了某個機構，就會透露出這個機構對員工的態度，忽視員工利益等等事實，使其他員工望而卻步。於是，這機構的員工越來越少，結果，遭到損失的仍是老闆自己。

知道嗎？亨利．福特的汽車工廠業務為什麼會越來越興旺呢？最主要的原因是：它把員工的利益看成是自己的利益，把員工的損失，看成是自己的損失。

亨利．福特汽車工廠不是沒有經歷過市場風險，但它總是安然度過，依然屹立，這是什麼原因呢？

最重要的原因是：它的員工們在這個風險襲來的時候，表現了堅強的同心力量，他們不能讓這個跟自己息息相關的機構就此倒下，他們全心支持著！

這是個簡單的道理，假如福特汽車廠平日對員工們刻薄寡恩，使自己的員工產生了離心力，當這些狂風暴浪襲來時，它根本就無法支持得住，早就被擺平了。

要使自己的事業宏圖大展，必定要好好地對待我們的好搭檔，一定要：

1.愛我們的員工。

因為我們彼此是血肉相連的，千萬別以為有錢能使鬼推磨，就對下屬頤指氣使。不然吃到苦果的一定是我們自己。

2.調整員工的薪資。

如果員工們的薪資無法維持他們的生活時，就無心工作了。另外，訂出獎勵的辦法，使員工們隨時提供改進工作的意見，這樣對企業是十分有益的！

站得直，走得正，才讓員工信服

儘管管理者的工作方法各不相同，但皆必須樹立「站得直，走得正」的形象，才能大大有利於加強自己的凝聚力。

有好名聲才有凝聚力，才能做到眾望所歸。因此，作為管理者，不能不領會「站得直，走得正」的內涵，只有顧及員工對自己品質的評價，只有在員工面前樹立一個「站得直，走得正」的形象，才能更好地立權樹威，做到取信於「民」。

公正評價每個人是令員工信服的管理者的一個共同點。為了評價員工，他們善於及時觀察和做筆記。俗話說：「好記性不如爛筆頭。」員工的表現只有通過長期的工作才能體現出來。只有長期注意記錄員工的行為，才能對他們真正有所瞭解。

在掌握這些資料之後，當你通過手頭的紀錄去表揚某些工作做得好，但又不被人注意的員工時，他會備感欣慰，從而促使他努力地把工作做得更好；如果是批評某些員工做得不好，雖然他會在短時期內情緒低落，但很快就會瞭解你公正待人的做法，同時會重新認識自己工作中的不足，變後進為先進。

管理者在管理中要做到公正無私，並非一件容易的事。譬如，在分配工作時，不分難易地要求不同的工作在同一時間內完成，這種做法是很不公平的，不但當事人對你不滿，其他人也會對你有看法。同時，如果管理者管理兩項以上的工作時，總是對自己較有經驗或較感興趣的工作表現得更為關心，那麼此時從事另一項工作的員工就會感到主管對他冷落，不看重他，由此而心生怨恨，工作缺乏動力。因此，要想成為一個受員工歡迎的管理者，就應妥善地處理好對員工的公正問題。

管理者的公正無私也表現在「論功行賞」上面。這種工作幾乎是管理者每天都要做的，受人歡迎的管理者，往往在論功行賞方面做得相當完美，能夠充分調動員工的積極性，形成人人力爭上游的局面，給你的事業帶來無限的生機和活力。反之，如果論功行賞做得不好的話，不僅達不到刺激員工的預期效果，還會造成災難性的後果。

例如，優秀的員工在工作中做出了相當大的貢獻，但令人遺憾的是，他並沒有得到與他做出貢獻相對應的獎賞，薪水、獎金都沒有與貢獻成正比增長。而那些並沒有做什麼實際工作的人卻得到了加薪、分紅。任何正常人都會自然地感到管理者對他的不公平，從而產生種種抵觸心理，這種因勞者不多得而使員工產生抵觸情緒的局面一經形成，你就無法依靠員工取得成就，你的事業前途與命運也就非常危險了。

作為管理者，如果不能公正無私地開展工作，只注意到調動一部分人的積極性，便會引起員工的不滿，這是你事業能否實現平穩發展的重要課題。如果待人失當、親疏不一，則會在不知不覺中重用了某些不該得到重用的人，而冷落了一些骨幹力量，直接影響到你事業的全局發展。

因此，要想成為一名受員工歡迎並具有凝聚力的管理者，就應該對所有員工一視同仁，這樣，不僅積極因素可以得到充分調動，一些消極因素也會受到刺激而轉化為積極因素，這樣，深得人心的你，就能輕鬆自如地駕馭全局。

公正無私的管理者並非一定都受到員工歡迎，但受到員工歡迎的管理者必定是公正無私的。無私才能無畏，當你成為一名公正無私的管理者之後，你的凝聚力會大大增強，你就可以成為一個讓員工信服的人。

另外，管理者要想增強凝聚力，還應該把「照我說的做」改為「照我做的做」。

現在有些管理者總對他的下屬這樣說：「照我說的做。」可他們不明白，這是下下之策。真正的上上之策應該是：「照我做的做」。

管理者的工作習慣和自我約束力，對員工產生十分重要的影響力。

如果一個管理者經常無故遲到，私人電話一個接一個，工作過程中又不踏實，總是盼望著早點下班，那麼他就很難管理好他所在的部門，所有工作都會搞得一塌糊塗。

古人說：「上梁不正下梁歪。」一個管理者只有嚴格要求自己，才能起帶頭表率的作用，具有說服力並增強自己的凝聚力。

孔子曾經說過：「己欲立而立人，己欲達而達人。」他的意思是說，只有自己願意去做的事，你才能要求別人去做，只有自己能夠做到的事，才能要求別人也去做到。同樣，作為現代管理者也必須以身作則，用無聲的語言說服眾人，才能形成親和力，表現出高度的凝聚力。

更好地應對種種不利局面

在管理者的工作環境中，會遇到種種意想不到的問題。挫折和挑戰不斷向你襲來。如何在這些打擊之下堅持下來而不垮掉，就成為衡量個人心理素質的最好標準。

為了更好地瞭解現今工作環境中的種種潛在威脅，首先必須清楚這些威脅通常來自何處：其一是來自他人，比如一個盛氣凌人的同事或一位脾氣暴戾的客戶；另一來源是偶發事件、最後時時提出的意外要求、一個錯誤的信號或預想不到的差錯。當然，最後一個威脅來源就是你自己。不管你意識到了沒有，你所遇到的很多困難都是由你自身的弱點造成的。

作為管理者，如何輕鬆地應對種種不利局面呢？以下八點建議可供參考：

1.時時堅持高標準。

在現實生活中，明智的人時時要求自己遵循自己的信條和道德準則，始終不渝。一個正直的人之所以始終追求自己的最高理想，並非出於天性或是社會的壓力，而是源自對這些理想的堅定信仰。正直之人絕不會在遇到困難或強烈誘惑的時候放棄自己的原則，甚至不允許有「僅此一次」的想法。

2.仔細權衡，做出最佳決策。

優秀的行動者必然長於細緻的思考。在做出重要決策的關頭，他們會收集大量的事實情況進行分析；而在分析權衡的過程中，他們會盡力摒除自身的偏見，以增強決策的客觀性和準確性。

事實上，有許多好方法可以幫助人們作出明智的決策。其中之一就是列出現實情況中所有的有利因素與不利因素，而後仔細估量其中的利弊與得失。之所以這樣做，其目的是要通盤考慮各個方面的因素，其中甚至可以包括你的個人感受。

3.追求卓越，不期望贏得他人讚賞。

要想使一個集體中的成員團結一致，維持一種和諧的氣氛，一個最有效的手段就是利用人們渴望獲得讚賞的心理。但是，如果這種獲得他人讚揚與好感的願望過於膨脹的話，就會徹底破壞你正直的品行與平和的心態。

如果研究一下偉人們的事蹟，就能發現一個重要的態度：與贏得他人讚賞相比，他們更專注於實現遠大的目標。正因如此，他們在完成了那些可欽可贊的偉績同時，也獲得了卓著的聲望。

4.積極解決問題。

面對困難，是積極克服困難的第一步。如果你剛剛得知身體出了什麼問題，就要勇敢去面對、明智地解決，要去徵求最優秀專家的意見。如果你正在努力工作，爭取按時完成一項計畫，卻遇到了嚴重的突發情況。這時，你應當像科學家一樣認真地分析局面。努力找出可處理現實問題的最好途徑，發現最有助益的方法，然後遵照施行。

5.心存高遠，不為小事所累。

做事過程中，如果不懂得合理分配精力，各種問題便會紛至沓來。你的精力將被小事消耗掉，大事則無法完成，撿了芝麻丟了西瓜。被瑣碎的二流問題絆住頭腦，自然不能留心重要大事。

要想培養自己權衡輕重的能力，其奧祕在於，選定一個核心目標，緊緊追隨而不分心於小事。只有找到一個值得傾注一切的目標時，人們才會全力以赴。唯其如此，他們才能做到最好。

6.拋開小我，取得更大成就。

智者通過付出而不是索取來實現自身的存在價值。美國最大連鎖百貨商店之一JCP的創辦人J. C. 潘尼寫道：「我從個人的經歷中學到，想獲得自由就必須遵從，想獲得成功就必須付出。」換言之，只有當你把目標置於個人利益之外，為更高的理想奮鬥不止時，你的生活才是最激動人心的，才最能實現它的價值。

福特汽車的創始人亨利．福特始終抱定一個信條，認為那些目光短淺、只重視眼前那份固定收益的企業是註定要失敗的。他相信，只有盡職工作才能獲得收益，否則根本沒有什麼收益可言。早在半個世紀之前，福特就抓住了這一思想的精髓，他指出：「全心全意為顧客服務的企業只有一點需要擔心：他們的利潤會多得無法相信。」

7.不可失信於人。

為人誠信的聲譽是一個人最寶貴的財富之一，有了這種聲譽，你就會感受到他人對你的信任。當你發表意見時，人人都洗耳恭聽並深信不疑。

獲得信任的方法很多，其行為可大可小。這需要一個人對自己高標準嚴格要求，一貫誠實；經營作風光明正大；利益方面先人後己，並且重承諾守信用。

8.保持清醒，防止自我膨脹。

生活中的問題大都不是由外部力量造成的，而是來自自身的原因。許多本可大有作為的人都是由於自我膨脹而遭失敗。即使是一個老好人，一旦得意忘形起來，也會變成一個自命不凡、惹人討厭的傢伙，令大家避之唯恐不及，當然更不願與他共事了。

惠普公司前任總裁傑克．斯派克曾說：「始終保持自己的本色，千萬不要裝模作樣地故作姿態。因為你一旦開始裝腔作勢，就必然會招致眾怒。」聯邦快遞服務公司的創始人吉姆．凱希也對此深有同感，他說：「不要自視過高，應當謙虛一點。只有對自己永不滿足，才能取得更大的成就。」

要警惕自我膨脹，就要告誡自己，你的成功應部分歸功於運氣，還有他人——你的家人、導師、同事、下屬以及那些給你指導和機會的人們——給予你的幫助。

大智若愚，並不委屈

「大智若愚」被普遍認為是做人智慧中最高、最玄妙的境界，如果有誰能得到「大智若愚」的評價，那表明他可以在人生舞台上立於不敗之地。

從字面上理解，大智若愚亦即接近於沒有智慧、木訥，甚至接近於愚的最高智慧。智慧（尤其指的是智術）如果過於外露，仍然稱不上上乘的智慧，因為通常「聰明反被聰明誤」，過分地精於算計反而會被人算計。

「大智若愚」的派生詞「大巧若拙」、「大直若屈」、「大辨若訥」，它們皆表明至高的謀略技巧境界並不是直接、赤裸裸、一覽無餘地展出在人們面前，而是擁有豐富的層次與內涵，擁有保護自身的機制。

從智謀的原則來看，它仍然體現為以靜制動、以暗處明、以柔克剛、以反處正之道，表現為降格以待的智慧。

愚、拙、屈、訥都給人以消極、低下、委屈、無能的感覺，使人在第一時間難以產生好感，也使人放棄戒懼或與之競爭的心理，而對它加以輕視和忽視。但愚、拙、屈、訥卻是人為營造用以迷惑外界的假象，目的正是為了要減少來自外界的壓力，鬆懈對方的警惕，或使對方降低對自己的要求。

如果要克敵制勝，那麼可以在不受干擾、不被戒懼的條件下，暗中積極準備，以奇制勝，以有備對無備；如果意圖在於獲得外界的賞識，愚鈍的外表可以降低外界對自己的期待，而實際表現卻又超出外界對自己的期待，這樣的智慧表現就能格外出其不意、引人重視。

「大智若愚」是在平凡中表現不平凡，在消極中表現積極，在無備中表現有備，在靜中觀察動，在暗中分析明，因此它比積極、比有備、比動、比明更具優勢，更能保護自己。

在中國古代做人術中，「大智若愚」演變為一套內容極其豐富的韜光養晦之術。

樂毅率燕軍踏平齊國，田單又率齊人大破燕軍，功成名就之時，卻都是遭君王猜忌之日。

那些見過大風大雨的「過來人」，對老子的名言「挫其銳、解其紛、和其光、同其塵，是謂玄同」理解格外深刻。因而每當身處一些「特殊關係」的微妙場合，或者在面臨生命威脅的緊要關頭，韜晦一方無不恬然淡泊，大智若愚。

商紂王荒淫無道、暴虐殘忍，一次作長夜之飲，昏醉不知晝夜，問左右之人，「盡不知也」，又問賢人箕子。箕子深知：一國皆不知，而我獨知之，吾其危矣。於是亦裝作昏醉，辭以醉而不知。

戰國四君子之一魏信陵君廣結天下豪傑，廣招天下賢才，「士以此方數千里爭往歸之」，擁有足以與魏王抗衡的政治實力，魏王也不得不讓他三分。

可是當他公然「竊符救趙」，違背魏王的意志，解救了正受秦兵壓境威脅的趙國，建立巨大功勳之後，卻使魏王難以容忍，「諸侯徒聞魏公子，不聞魏王」，秦國馬上施以離間之計，促使魏王剝奪了信陵君的實權。

魏王擔心信陵君威望猶在，有朝一日會東山再起，仍然視作心腹大患，信陵君為此「謝病不朝，與賓客為長夜飲，飲醇酒，多近婦女」，以降低人格的方式減輕魏王的戒懼。

韜晦之術在漢以後的所有做人術中發展最為充分，許多成大事者，在成就之前都有韜晦的歷史，無不以弱者的形象做出強者的舉動，善於避讓那些看似胸無大志，實際暗伏殺機的身邊人。

第四章

工作不以人際為退

人心所向，眾志成城

如果你仔細去看成功者，會發現他們有一個共同之處，那就是他們的人際關係都很廣泛。只有擁有了廣泛的人際關係，才能建立起一個龐大的資訊網，這樣就比別人多了一些成功的機會和橋梁。

美國前總統柯林頓能夠成功的贏得競選，也與他擁有廣泛的人際關係分不開。在他競選過程中，他那些高知名度的朋友們扮演著舉足輕重的角色。

這些朋友包括他小時在熱泉市的玩伴、年輕時在喬治城大學與耶魯法學院的同學，及日後當羅德學者時的舊識。他們為了幫助柯林頓成功，四處奔走，全力支持。所以柯林頓當選總統後，不無感慨的說，朋友是他生活中最大的安慰。

根據《行銷致富》一書作者史坦利的說法，「成功是一本厚厚的名片簿。成功者廣結人際網路的能力，或許就是他們成功的主因。」百萬富翁們不僅曉得有誰被蘊藏在他們厚厚的名片簿裡，更願意把這些資源與其他百萬富翁分享。

要有成功的人際關係，你不僅得用基本常識去「感受」，更要有極大的行動去「執行」。

人際網路背後的意義，其實比一般人所能想像得到的都還深遠。那些企業總裁們，非常致力於發展互需關係。雖然每個人都有他們如何步步高升到金字塔頂端的精彩故事，但大多數人把他們的成功歸功於身旁的人的提拔。

根據美國作家柯達的說法：「人際網路非一日所成，它是數十年來累積的成果。如果你到了四十歲還沒有建立起應有的人際關係，麻煩可就大了。」

要想成功，就必須有一個好的人際圈子，要知道僅憑一個人之力是很難完成自己的事業，要有人願意幫你，不斷地給你提供各種資源，你才能有更多的成功機會。但是，人際關係的圈子是需要你來培養的，只有用真誠和愛心才能鞏固人際關係。也只有團結他人，你手中的力量才會更強大。

一個人的力量是有限的，但再大的力量也是由點滴個人力量聚集而成。如果人心所向、眾志成城，就會以最小的代價，獲取最大的成功。

你不可能獨立做好所有的工作

對自己充分有信心絕對是一個優良特質，但對自己的信心應該建立在理性的基礎上，否則就容易暴露出自己因自大而產生的無知。

很多擁有高學歷的人，尤其是初入社會的年輕人，往往過於看重自己獲得的學歷和十幾年來學到的系統知識，在步入社會時表現出自負和自傲。

他們總是過分相信自己的能力，認為憑藉個人一己之力就可以把工作輕鬆做好，不需要別人的幫助，更沒有必要讓別人對自己的工作成果分一杯羹，因此不屑於與人合作，甚至把與人合作看做是有辱自己身分的事情。

然而，在實際工作中，這種個人英雄主義是最要不得的，因為你不可能獨自做好所有事情。即便那些最為出色、最為能幹的人也不可能。相反，有些人之所以傑出、之所以成就卓越，正因為他們有著出色的合作意識和調動他人合作的能力。

就此而言，成功從某種意義上來說，並不像有人所說的「靠自己」，而是「靠別人」。

一個人的能力有限，要想開創一番事業必須靠群體團隊，只有與人合作，才能把工作做好。每個人都應該認識到個人的能力是有限的，即使一個人精力無限充沛，也不可能做好所有的事情。所以合作是必要的，也是必需的。尤其在這個分工越來越細密、工作越來越複雜的社會，合作幾乎是唯一可行的工作方式，企圖拒絕合作而獨立行事，幾乎就是妄想。

有一家大公司招聘高層管理人員，九名優秀應聘者經過面試，從上百人中脫穎而出，進入由公司老闆親自把關的複試。

老闆看過這九個人的詳細資料和初試成績後，相當滿意，但此次招聘只能錄取三個人，於是老闆給大家出了最後一道題。他把這九個人隨機分成甲、乙、丙三組，指定甲組的三個人去調查嬰兒用品市場，乙組的三個人去調查婦女用品市場，丙組的三個人去調查老年人用品市場。

老闆解釋說：「我們錄取的人是用來開發市場的，所以你們必須對市場有敏銳的觀察力。讓你們調查這些行業，是想看看大家對一個新行業的適應能力。每個小組的成員務必全力以赴。」

臨走的時候，他又補充道：「為避免大家盲目展開調查，我已經叫秘書準備了一份相關行業的資料，走的時候自己到秘書那裡去取。」

三天後，九個人都把自己的市場分析報告遞到了老闆那裡。老闆看完後，站起身來，走向丙組的三個人，分別與之一一握手，並祝賀道：「恭喜三位，你們已經被錄取了！」隨後，老闆看著大家疑惑的表情，哈哈一笑說：「請大家找出我叫秘書給你們的資料，互相看看。」

原來，每個人得到的資料都不一樣，甲組的三個人得到的分別是嬰兒用品市場過去、現在和將來的分析，其他兩組的也類似。

老闆說：「丙組的人很聰明，互相借用了對方的資料，補齊了自己的分析報告。而甲、乙兩組的人卻分別行事，拋開隊友，自己做自己的，形成的市場分析報告自然不夠全面。其實我出這樣一個題目，主要目的是考察一下大家的團隊合作意識，看看大家是否善於在工作中合作。要知道，團隊合作精神才是現代企業成功的保障！」

合作精神是一個人踏入社會所必須具備的基本素質。沒有合作精神的人必然會遭遇挫折和失敗。當然，合作精神的培養與形成，也不是三天兩天的事。那麼，怎樣才能加強與同事間的合作，把自己培養成一個有團隊精神的人呢？

1. 善於交流

同在一家公司工作，你與同事之間一定會存在某些差別，知識、能力、經歷造成你們在對待和處理工作時，會產生不同的想法。交流是合作的開始，你要把自己的想法說出來，並且多聽聽對方的想法。

2.對待同事應該平等友善

即使你各方面都很優秀，認為靠自己一個人的力量就能解決眼前的工作，也不要顯得太張狂，因為你以後肯定會碰到自己的瓶頸，有需要別人幫助的時候。所以還是與同事做個朋友吧，友善地對待對方。

3.對待工作應該積極樂觀

心情是可以傳染的，沒有人願意和一個愁眉苦臉的人在一起。即使遇上了十分麻煩的事，也要樂觀。你要對你的夥伴們說：「我們是最優秀的人，肯定可以把這件事解決。」

4.經常站在同事的角度想一想

你要努力去瞭解別人、理解別人，從別人的角度來分析問題，這樣既能減少不必要的摩擦，又能增進友誼、促進合作。

你可以試著把自己放在對方的位置，問一下自己會怎樣想、怎樣做。別人之所以那麼想、那麼做，一定有他的原因。如果你能站在同事的角度考慮問題，就會使大家合作得更愉快。

5.勇於接受批評

一個對批評暴跳如雷的人，每個人都會對他敬而遠之。如果我們能把同事當成自己的朋友，坦然接受他的批評，那麼他一定會樂於與我們合作。

慢慢學著與人合作，你將會變成一個善於合作的人，你的業務能力將會大為提高，必定會做出更大的成績。不要再幻想自己有三頭六臂、七十二變，可以幹好所有工作了，伸出合作之手吧！

人際關係有時比能力更重要

社會上有這麼一種人，他們能力超群、見解深刻、才華橫溢，但同時他們也恃才傲物，認為自己比別人優秀，是不可或缺的人，因此狂妄自大，不能很好地與周圍的人打好人際關係。這種人雖然很優秀，卻總是與成功擦肩而過。

如果有人問這樣的問題：一般人才與頂尖人才的真正區別在哪裡呢？肯定會有相當多人毫不猶豫地回答「才能」。他們甚至會瞪大眼睛發出疑問：除了能力，難道還有別的？因此，在成功的天平上，他們會把所有的砝碼都擺在能力這一邊，忽視品德，忽視人際關係，忽視其他的種種。

然而，根據培養無數成功人士的哈佛大學商學院調查，在事業有成的人士中，百分之二十六靠工作能力，百分之五靠家庭背景，而人際關係則占百分之六十。

可見，要想成為出類拔萃的頂尖人才，並不能僅僅靠提升才能，更重要的是拓展你的人際關係，提升你的人脈競爭力。只有這樣，你才能脫穎而出，取得事業的成功。

世界上有三借：借人、借勢和借錢，這些都是成事之道。

借人、借勢是聰明人常用的成事之道，它可以利用對方的優勢來彌補自己的不足，至少可以彌補自己的才智、人力之不足。這很容易令人想起《三十六計》中的「借刀殺人」，此計告訴人們，「借」字為利用他人成事之要訣。

「利用」一詞似乎帶有貶意，但與朋友合作，互相幫助的確是成就事業的一種方式。如果能養成「他山之石，可以攻錯」的合作之道，那麼這樣的人定將會大有作為。

俗話說：「一個好漢三個幫。」「多個朋友多條路。」「朋友」在中國傳統中是兩彎相映的明月，講究一個肝膽相照，義字當先。朋友在競爭激烈的現代社會裡顯得日益重要，善於利用朋友往往使你的生活自在快樂，而且會有很多機會。

相對於專業知識的競爭力，一個人在人際關係、人脈網路上的優勢，就是人脈競爭力。哈佛大學為了瞭解人際能力對一個人成功所扮演的角色，曾經針對貝爾實驗室頂尖研究員做過調查。

他們發現，被大家認同的專業人才，專業能力往往不是重點，關鍵在於「頂尖人才會採取不同的人脈策略，這些人會多花時間與那些在關鍵時刻可能對自己有幫助的人培養良好關係，在面臨問題或危機時便容易化險為夷」。

他們還發現，當一名表現平平的研究員遇到棘手的問題時，會去請教專家，但往往因為沒有回音而白白浪費時間；頂尖人才則很少碰到這種問題，因為他們平時就建立了豐富的人際關係網絡，一旦前往請教，立刻便能得到答案。

在二十一世紀的今天，無論是保險、傳媒、廣告，還是金融、科技、證券等各個領域，人脈競爭力都是一個日漸重要的課題。專業知識固然重要，但人脈也同樣重要。從某種意義上說，人際關係是一個人通往財富、榮譽、成功之路的門票，只有擁有了這張門票，你的專業知識才能發揮作用。

很多人意識到了人際關係的重要性，因此成為頂尖人才、成功人士；但很多原本優秀的人卻沒有意識到這一點，他們表現出了優秀的工作能力，卻不注意建立自己的人際關係，因此總是缺少外在的助力，做起事情來事倍功半。

成功建立關係網的關鍵是選擇合適的人、建立穩固的關係。所謂合適，首先是就性質而言，要適合自己，在與自己生活工作有關的領域中尋求聯繫，否則就不存在相應的人際關係。

其次是就數量而言。我們強調人際關係的重要，但關係網並不是越大越好，否則將會疲於應付這數不清的關係而叫苦連天。

最後是注重品質。濫竽充數的人際關係是沒有意義的，只會如酒肉朋友般，弊多於利。因此，只有把握這幾個面向，建設起來的人際關係才是合適、健康的。

關係網中的人，你應該列出哪些人是最重要的，哪些人是比較重要的，哪些人是次要的。這要根據自己的需要來定。這樣，你自然會明白，哪些關係需要重點維護，哪些關係只需要保持一般聯繫，從而決定自己的交際策略。

你還應該對關係進行分類，因為生活中一時有難，需要求助於人的事情往往涉及許多方面，你需要各方面的幫助，只從某一方面獲得幫助是不夠的。

有專家指出，一般來說，良好、穩定的人際關係核心，必須由十個你所信賴的人組成。這首選的十人可以是你的朋友，或是事業上與你緊密聯繫的人。為什麼將人數限定為十人呢？因為這種牢不可破的關係網需要你一個月至少維護一次，十人就足以用盡你所有的時間。否則窮於應付，會影響你自己做事。

所謂穩固，就是在適合的前提之下，盡可能讓關係網的結構少些動盪，網上的結點少些變化。因為編織關係網是需要投入的，變化頻繁不僅是對關係網的破壞，也會增加投入成本。同時，相互關係維持得越久，也才越牢固，越有價值。

那麼，怎樣保持穩固的人際關係呢？首先，保持聯繫是建立成功關係網絡的一個重要條件。「關係」就像一把刀，常磨才不會生銹。若是半年以上不聯繫，你就可能失去這位朋友了。所以，不要與朋友失去聯絡，不要等到有麻煩時才想到別人。「用時是朋友」的實用主義做法，必然會傷害人際關係的健康。

其次，必要的「感情投資」也會使你的關係網更加牢固。記下與關係網中人有關的一些至關重要的日子，比如生日或結婚紀念日，在這些特別的日子裡，哪怕只給他們打個電話，他們也會高興萬分。當他們升遷的時候，向他們表示祝賀；當他們處於低谷時，向他們表示慰問，並主動提供幫助。當你的商務旅行地點與哪一個關係成員接近時，應盡可能去拜訪他們。

此外，你還應該不斷提升自我，增加個人魅力。素質高而有魅力的人容易得到別人的接納，這是人之常情。在交往中，一定要注意禮儀。謙謙君子比一般人更容易獲得對方的好感，窈窕淑女同樣能給人留下良好的印象。

除此之外，更要注重提高自己的專業素養，因為世人都喜歡與優秀的人才交往，潛意識裡都渴望與比自己優秀的人建立關係。

在好萊塢流行著一句話：「一個人能否成功，不在於你知道什麼，而在於你認識誰。」即使你確實是一位非常優秀的人，也不要以為自己擁有卓越的才能就能獲得成功。

學著去建立自己的人際關係網絡，因為只有建立起了自己的人脈網絡，你才會享受到人脈帶給你的好處，你才會深刻認識到，一般人才與頂尖人才的真正區別更在於人脈，而並非僅僅是才學和能力。

「好形象，好人緣」就是本錢

大家都知道「伯樂與千里馬」的故事。當一個人不得志時，在一個偶然機會中被某老闆重用，而且做出很大成績時，我們常感歎、羨慕地說：「有伯樂而後有千里馬，如果不是某老闆有識人之能，他不可能有出頭之日。」

其實這話只對了一半。一個領導管理階層的人，有識人之能固然重要，但是先決條件是：被賞識的人，必須先具備某些被賞識的才能。如果你自己本身是大草包一個，伯樂越多你越沒有出路，因為真正的伯樂是不會賞識草包的。

包裝精美的產品，必定會吸引消費者的注意力；一個形象好的人，自然容易受到別人的賞識。兩者所不同的是，產品包裝注重的是外在美，而人的形象好壞，多半要靠內在修養所形之於外的「光環」。

所謂「光環」就是你平時待人處事、一言　行所散發出來的訊息，讓別人感受到之後所產生的印象。

在這個多元化的現代社會中，各行各業都競爭得非常激烈，人們爭取成功所具備的條件也越來越複雜，除學歷高、能力強之外，更重要的一點是：你必須把自己塑造成一個受朋友喜歡、被部屬愛戴、受主管器重的人。

只要你努力讀書，有個高學歷並不難；只要你認真工作，在經驗中領悟工作方法和技巧，提升工作能力也不難。但是讓朋友敬佩、受部屬愛戴、被主管器重和賞識的這種修養功力，卻是非常的不容易。

世界上學歷高、學問好、能力強的人多得是，然而世上懷才不遇的人也多得是。也許你認識的朋友中，就有不少這類人物，甚至於你自己就是其中之一。

站在愛惜人才的立場來說，這是一種可惜又可悲的現象。可是，你有沒有冷靜而認真地思考過，這種現象是如何發生的？真的是出於人們的嫉才心理嗎？

就拿做生意的人來說吧，哪一個老闆不希望用學歷高、能力強的人，然而，為什麼工商界也有那麼多懷才不遇的人呢？關鍵就在於他們自己塑造的形象，給人一種不良的印象，讓人產生敬而遠之的畏懼心理。從古到今，這類人物太多太多了，可說俯拾皆是。

自古以來都是如此，才華越高的人，「老闆」對他忠誠度的要求就越高。如果「老闆」發現沒有辦法使他心悅誠服，全心全力為他效力，他寧肯不用他。因為這種聰明過人的人，不像一般部屬一樣，多一個少一個都無所謂，一旦他生有異心，會造成無法估計的傷害。

什麼是良好的形象呢？這是個很不容易回答的問題，這要看對方衡量你的標準和感覺而定，這也就是人生際遇中所說的「緣分」。

不過，就一般的標準而言，依據通常的性格、智力、行為所訂的準則，也有一些不可缺少的條件。就性格而言，你給人的重要感覺之一是——通曉事理、易於溝通。通曉事理就不會偏執，易於溝通就不會陷於僵局。如果你給人留下這樣的印象，而你的才能又是受人讚賞的，就很容易敲開成功的大門。

除了研究專門學問之外，不管你是從政還是經商，絕不能給人留下一個「死不講理」、「自以為是」的印象。尤其是對你的頂頭上司，一旦你把這種形象樹立起來，你的前途就極為有限了。

解決事情的方式，就像通往羅馬的大路，絕對不會只有一種方法。站在你的立場，你認為這樣最好，站在別人的立場，則認為那樣最理想。為了解決問題，大家只好彼此進行溝通，研究出彼此都能接受的解決之道。

事實上，這種認定「自己意見最好」的固執之人，在社會的每一個團體中都不在少數。而這些不在少數的人，都還是以為「自己是最聰明、最了不起」的人。

常聽人們說：「在貧困、苦難中長大的孩子都比較懂事。」因為他們知道自己的事業前途和養家活口的費用，雖然是靠自己勞動爭取的，但工作機會卻是別人給的。在感恩的心情下，自然凡事好商量，也容易與別人相處。在別人心目中，自然就變成懂事、通曉事理的人了。

在現代商業社會中，這樣「懂事」的年輕人越來越少了，但這並不表示已沒有可用之才。年輕人多半都是比較容易塑造的，只不過老闆、主管和上司們要多費一番心血去教導、訓練。

總之，人在團體中，不論是對同事、對上司，你都應該給別人一個明是非、講道理的感覺，這樣人家才樂於跟你共事，有了問題才會跟你商量、溝通。

所謂「人緣好」，自然使人產生樂於親近的感覺。如此一來，朋友也好，同事、上司也好，會把你當成「推心置腹」可共商大事之人。一旦建立起這樣的關係，你在工作上的助力面越來越廣，成功的機率自然就越來越大。正所謂「得道多助」，你在創業過程中是不會孤單、寂寞的。

待人接物要適度

我們平常只要稍加留意，便不難發現諸如此類的現象：兩個人以前親密無間，不分彼此。可是，沒過多久卻翻臉為敵，不僅互不來往，而且反目成仇。何以至此？

西方有一種「刺蝟理論」說，刺蝟渾身長滿針狀的刺，天一冷，它們就會彼此靠近，湊在一塊。但仔細觀察後發現，它們之間始終保持著一定的距離。

原來，距離太近，它們身上的刺就會刺傷對方；距離太遠，它們又會感到寒冷。只有若即若離，距離適當，才能既保持理想的溫度，又不傷害對方。

一般來講，人與人密切相處當然不是一件壞事，否則怎麼會有「親密的戰友」、「親密的夥伴」、「如膠似漆的伴侶」等譬詞呢？

但任何事情都不能過分，過分就會走向極端。俗話說：「過儉則吝，過讓則卑。」就是這個道理。

在現實生活中，這種「親則疏」的現象是較為普遍的，這大概也可算作一條交際規律。

古人曾告誡說：「親善防讒。」也就是說，要想結交一個有修養的人不必急著跟他親近，以免引起壞人的嫉妒而在背後汙衊誹謗。因為，一旦顯出與君子交往而過分親密，小人就可能由於被冷落而忌恨，生出挑撥的念頭，就會從中「離間」，使彼此生疑，此其一。

事實證明，越是親近的人，被傷害的程度就越大，由此產生的怨恨就越深，歷史上兄弟相殘、父子交兵的事件屢見不鮮。可見，嫉妒、猜忌的心理，骨肉至親之間比陌生人之間顯得更加厲害，此其二。

在上下級之間，領導者大都十分珍視自己的尊嚴，有了尊嚴才有神秘感，才能吸引人。一旦上下級之間過於親密，就會失去這種神秘，領導者的吸引力也就會蕩然無存。因為「親近滋長輕視」，任何領導者在他的貼身侍從眼裡都成不了什麼英雄，此其三。

因此，朋友之間不可以過密，上下級之間不可以過親，否則就會造成彼此的傷害。

不過現在卻有這樣一些人，他們自命清高、目中無人，這個也瞧不起，那個也看不上，與任何人都不來往；有的人消極地認為世間險惡，交際虛偽，企圖尋求一種世外桃源來隔絕人世塵緣，不願與外界接觸。

其實，交際雖然從某種意義上來說是一種利益驅動，但實質上交際卻是一種互惠互利的行為。你與人接觸得多了，就能增進瞭解，遇事能彼此幫忙。在一般情況下，人們會首先想到去幫助與自己接近和熟悉的人，最後才會考慮那些不太熟悉和陌生的人，「遠親不如近鄰」說的就是這個道理。

因為，遠親雖親但距離遠，且資訊溝通慢；鄰居雖非親非故，但距離近，且經常來往，相互幫助的機會就多些。若「老死不相往來」，親戚也會變得不「親」，以往再親近的人也會慢慢淡漠，直至疏遠。這樣，自己就會感到孤獨，甚至會留下終身遺憾。

凡事不能過「度」，任何事物走向極端就等於走到反面。「刺蝟理論」中的相處適度原則道出了交際的真諦。

任何事物都具有兩重性。比如好與壞、親與疏等都是辯證統一的關係，而且在一定條件下可以互相轉化。

在人際交往中，親密一旦達到過分的程度就意味著疏遠的開始。所以，為了避免這種過分親密帶來的危機，就必須在心理上保持一定的距離，在經濟上保持相對獨立，在行動上不形影相隨。保持一種「若即若離」的狀態，這樣就可避免樂極生悲、恩將仇報的交際悲劇，和由於友情破滅而導致的嫉恨和憤懣。

要達到上述境界，必須做到：

1.「不卑不亢」做人

在現實生活中，不同品行的人，做人態度也不一樣。溜鬚拍馬的人表現為卑躬屈膝，剛直不阿的人則表現為不卑不亢。溜鬚拍馬、投人所好，興許能一時討人歡喜，可以密切一下彼此的關係，但那是不牢靠的，久而久之必被識破。只有那些不卑不亢、光明磊落之人，才能擁有永久的朋友。

2.「不歪不斜」立身

一個具有高尚人格的人，必是其身正派之人。孔子曰：「其身正，不令而行；其身不正，雖令不從。」只要為人端正，自會在潛移默化中影響他人，反之，即使命令他人，也無人會遵從。

3.「不偏不倚」辦事

辦事幹練令人佩服，辦事公道則受人敬重，「受人敬者人緣好」。所以，做任何事情都不能偏心，偏心就會遭人恨。不少人往往忽視了這一點，他們在有些問題上喜歡拿原則做交易，放棄原則當「好人」，原以為這樣就可以拉上幾個朋友，殊不知，這樣做只會適得其反。

因為維持了少數，必將得罪大多數，因小失大，得不償失，到頭來只會是搬起石頭砸自己的腳。實際上，一個不偏不倚、能端平一碗水的人，是最得人心、最受人愛戴的。

所以，在人際交往中，辦事要公平，講大局，講原則，既不偏袒這一方，又不倚向那一方。

4.「不親不疏」交友

在當今開放的時代，隨著社會生活節奏的加快，人們的交際領域和交際方式也在不斷地拓展和改變，以往那種交際範圍相對固定、對象相對穩定的社交格局，逐漸被交際的複雜化所代替。

每個人除了與自己的家人、同事、親朋、鄰居相處外，還會與一些「萍水相逢」、「一面之交」的人打交道。要與這些人成為朋友，並能和諧相處，必須要把握好分寸，既不能對某個人過分親密，又不能對某些人過分疏遠（即使你很討厭他，也不能這樣做），要一視同仁。

即使得到了志同道合的新朋友，也絕不能忘卻患難與共的老朋友。對於那些大獻殷勤、討好賣乖的人，絕不能親近；對於那些敢進逆耳忠言的人，絕不可疏遠。因為只有諍友，才肯直言規過。因此，只要「不親不疏」，定能「保你不孤」。

用好方圓之理，必能無往不勝

方為做人之本，圓為處世之道。

「方」，方方正正，有棱有角，指一個人做人做事有自己的主張和原則，不被外人所左右。「圓」，圓滑世故，融通老成，指一個人做人做事講究技巧，既不超人前也不落人後，或者該前則前，該後則後，能夠認清時務，使自己進退自如、遊刃有餘。

一個人如果過分方方正正、有棱有角，必將碰得頭破血流；但是一個人如果八面玲瓏、圓滑透頂，總是想讓別人吃虧，自己占便宜，也必將眾叛親離。因此，做人必須方中有圓，圓中有方，外圓內方。外圓內方的人，有忍的精神，有讓的胸懷，也有貌似糊塗的智慧。

「方」是做人之本，是堂堂正正做人的脊梁。人僅僅依靠「方」是不夠的，還需要有「圓」的包裹，無論是在商界、仕途，還是交友、愛情、謀職等等，都需要掌握「方圓」的技巧，才能無往不利。

「圓」是處世之道，是妥妥當當處世的錦囊。現實生活中，有在學校時成績一流的，進入社會卻成了打工的；有在學校時成績二流的，進入社會卻當了老闆的。

這是為什麼呢？因為成績一流的同學過分專心於專業知識，忽略了做人的「圓」；而成績二流甚至三流的同學，卻在與人交往中掌握了處世的原則。正如卡內基所說：「一個人的成功只有百分之十五是依靠專業技術，而百分之八十五卻要依靠人際關係、有效說話等軟科學本領。」

真正的「方圓」之人是大智慧與大容忍的結合體，有勇猛鬥士的威力，有沉靜蘊慧的平和。真正「方圓」之人能對大喜與大悲泰然不驚，行動時幹練、迅速，不為感情所左右；退避時，能審時度勢、全身而退，而且能抓住最佳機會東山再起。真正「方圓」之人，沒有失敗，只有面對挫折與逆境時積蓄力量的沉默。

這種外圓內方的辦法，在歷史上早已有之。《三國演義》中有一段「曹操煮酒論英雄」的故事。當時劉備落難投靠曹操，曹操很真誠地接待了劉備。劉備住在許都，在衣帶詔上簽名後，為防曹操謀害，就在後園種菜，親自澆灌，以此迷惑曹操，放鬆對自己的注意。

一日，曹操約劉備入府飲酒，議起誰為亂世之英雄。劉備點遍袁術、袁紹、劉表、孫策、張繡、張魯，均被曹操一一貶低。曹操指出英雄的標準——「胸懷大志，腹有良謀，有包藏宇宙之機、吞吐天地之志。」

劉備問：「誰人當之？」曹操說：「今天下英雄，唯使君與操耳！」劉備本以韜晦之計棲身許都，被曹操點為英雄後，竟不覺把匙箸掉落在地，恰好當時大雨將至，雷聲大作。曹操問劉備為什麼把匙箸弄掉了？劉備從容撿拾，並說：「一震之威，乃至於此。」

曹操說：「雷乃天地陰陽擊搏之聲，何為驚怕？」劉備說：「我從小害怕雷聲，一聽見雷聲只恨無處躲藏。」自此曹操認為劉備胸無大志，必不能成氣候，也就未把他放在心上，劉備才巧妙地將自己的慌亂掩飾過去，從而也避免了一場劫難。

劉備在煮酒論英雄的對答中是非常聰明的，他用方圓之術讓曹操在哈哈大笑之中免去了對他的懷疑，最後才能如願以償地逃脫虎狼之地。

至於三國後期的司馬懿，更是個外圓內方的高手，他佯裝成將死之人，瞞過了大將軍曹爽，達到了保護自己、等待時機的目的，最後實現了自己的抱負，統一了天下。這正是「鷹立似睡，虎行似病。」

總之，人生在世，運用好「方圓」之理，必能無往不勝，所向披靡；無論是趨進，還是退止，都能泰然自若，不為世人的眼光和評論所左右。

要有容人的肚量

作為一個優秀的領導者，不僅要有愛才之心、用才之膽，還要有容才的氣量。容才的氣量如何，直接關係到聚才的多寡與優劣。有了容才的氣量，就能將富有開拓精神的人才選拔出來。在生活中，有才能的人往往善於獨立思考，個性較強，愛提意見，有時可能不講方式，作為領導者就要胸襟開闊，氣量如海，善納「百川」，聽得了不同意見，這樣就會人才濟濟，言路暢通，事業發展。

《世說新語．言語》中有個「擊鼓罵曹」的故事，說得是東漢末年一個叫禰衡的人，因為當時北海太守孔融的推薦，曹操有意接見，但禰衡視曹操為漢賊而不願去見，後來礙於孔融的知遇之情，勉強前往。曹操知情後，對此心有不滿，於是在接見後任其為負責擊鼓的小吏，藉此羞辱禰衡。

後來時遇八月朝會大宴賓客之時，禰衡在試擊驗鼓當下擊奏了一曲《漁陽摻撾》，借用東漢彭寵據漁陽反漢的故事，來暗諷曹操的行為。由於鼓聲深沈，有金石之音，聞者無不動容。曹操雖懂禰衡的用意，卻沒有發怒，而是在孔融的說情之下，感到慚愧而赦免了禰衡，也為曹操留下了能容雅量的佳話。

作為二十一世紀的領導者，必須像曹操那樣做一個有涵養的人，要有寬廣的心胸，善於求同存異，虛心聽取不同的意見和建議，不要總是對一些雞毛蒜皮的小事斤斤計較，更不要對一些陳年舊帳念念不忘。古語說：「宰相肚裡能撐船。」

為了公司的利益，領導者有時的確需要委屈一下自己，設身處地瞭解對方的心理和觀念，以「君子之心」度「小人之腹」。也許有時候，下屬當著眾人頂撞了你，或故意侮辱了你，你該怎麼辦？是利用自己的權威下馬威？還是另找個時間，約他到咖啡館聊聊天、談談心，彼此溝通溝通，化解一下矛盾呢？

如果下屬一句話使你臉面無光，自尊心大受損傷，你就立即氣沖牛斗，好像《水滸傳》中的黑旋風李逵一樣生起氣來便怒不可遏，豈不更丟你堂堂領導者的面子？何況「以德報怨」與「以怨報怨」所收到的效果是絕然不同的。

過於激烈的宣洩方法只會使你得到一時快意，但後果你又想過多少呢？如果你認為自己是對方的上級，沒有必要彎下腰來，屈尊與下屬溝通感情，或根本看不起對方，不屑與對方談心，那麼，你就是一個失職的領導者，或者說是一個失敗的領導者。因為這樣的話，對方也不會真心實意為你賺錢。

另外，在對方火冒三丈時，你也不妨暫時進行「冷卻」處理，這也是容人的一種方法。中國有許多古訓，如「得饒人處且饒人」、「嚴於律己，寬以待人」等，都是指站在他人的立場，設身處地為他人著想。現在，儘管社會變遷，時代不同了，這些至理名言仍然有其應有的價值。

如果你身為上司，當你絞盡腦汁、用心良苦地教導下屬工作時，對方明顯表示出反抗的態度，你是否常常氣得想整他一頓？對方如果沒有接納的心理，此舉只有使對方更加反感罷了。對方有接納的雅量最好，否則不妨略微改變一下說辭。但是，情形如果嚴重到彼此爭執不休時，應如何是好？

一般而言，當人們發生爭執時，由於滿腔憤怒，往往出言不遜，爭得面紅耳赤。例如，一名下屬受到你的責罵時，心裡可能不斷嘀咕，「這麼小的過錯，犯不著囉唆個不停嘛，幹麻大驚小怪！」甚至為了避免自尊心受到傷害，他會想方設法自圓其說。如此一來，再多說什麼也是無益的。

要知道，由於人類本身固有的劣根性，人們一般都不願意承認自己的過失，掩飾自己過錯是最順理成章的做法。所以很多人會在犯錯受到指責時，不承認自己的錯誤。在這種情況下，處理的方法便只有採取「冷卻」療法，先放它一段時間再說。

以領導者的個人利益而言，如果下屬犯下過錯，並陷入上面所說的狀態時，務必先消去他的怨氣，並設法讓他由激動的狀態平靜下來，進入反省期間。任何悲傷或痛苦都會隨著時間的消逝而消逝，所以只要時間一過，以往的反感便會淡化，如此便能冷靜地與人談話了。

「冷卻」不僅可消除不滿的情緒，也可形成接受指導的氣氛。因此在領導者管理下屬時，切勿忽略此手段的妙用。

此外，對於領導者來說，管理的目的在於「和諧」。使人盡其才，物盡其用。「和諧」也是核心。如果內部不和諧，國王的宮殿也會變成農人的茅舍。沒有和諧的原則，就沒有知識的組織。

美國心理學家威廉．詹姆士說過：「人性中最深刻的原則是渴望受別人稱讚。」上對下，下對上；內對外，外對內；稱讚第一，才能和諧第一。

缺乏和諧是造成領導者經營公司失敗的第一要素。俗話講，人無完人，領導者要學會有意識地原諒下級所犯的過錯，激勵他們繼續進取，使其不致因過失或錯誤而喪氣灰心，卻步不前，能將其轉化為更強烈的動力，最大限度地發揮出他們的聰明才智。

美國某公司一位高級主管，由於嚴重失誤給公司造成了一千萬美元的巨額損失。為此，這位主管心裡非常緊張。第二天，董事長把這位主管叫到辦公室，通知他調任同等重要的新職。「為什麼沒有把我開除、降職？」這位主管非常驚訝地問。董事長回答說：「若是那樣做，豈不是在你身上白花了一千萬美元的學費？」這出人意料的一句激勵話，使這位高級主管從心裡產生了巨大動力。董事長的出發點是：「如果給他繼續工作的機會，他的進取心和才智有可能超過未受過挫折的常人。」後來，這位高級主管果然以驚人的毅力和智慧，為該公司做出了顯著的貢獻。

人有所長，必有所短，沒有人是「全才」。對那些有缺點或犯過錯誤的人才，企業的領導幹部要有容人的度量和提拔人的膽量。

助人即助己的互得之道

我們說做人要相信自己，那麼是不是說總要用懷疑的眼光去看別人呢？其實大可不必，而是應當在「助人亦助己」的做人之道引導下，去相信你能相信的對象，這叫借力之功。不相信別人的人，不願意伸手助人的人，其實，他們根本不知道，歷史上有很多獲得成功的人，都曾受到一個心愛的人或一個真誠朋友的鼓勵。如果沒有一個自信十足的妻子蘇菲亞，我們也許在偉大的文學家中找不到霍桑的名字。當他傷心地回家告訴她，自己在海關的工作丟了，他是一個大失敗者時，她卻很高興地說：「現在，你可以寫你的書了！」霍桑說：「可是我寫作時，我們怎樣生活？」

她打開抽屜，拿出一堆錢來。

「錢從哪裡來的？」他嚷道。

「我知道你是大才，」她回答道，「我知道有朝一日你會寫出一本名著來，所以我每週從家用中省下一筆錢，這些錢足夠我們用一年。」

由於蘇菲亞的自信，美國文學史上一本經典的小說——《紅字》在霍桑手中誕生了，難怪霍桑後來說：「人與人之間的互助是絕對重要的，這關係到一個人是凡人，還是巨人。」

由此，我們可以看到，幫助別人成功是做人之本，是追求個人成功最保險的方式。每個人都有能力幫助別人，一個能夠為別人付出時間和心力的人，才是真正富足的人。

如果你參與一個人的頂尖成就，這將是你最值得驕傲的事情。

幫助別人不僅利人，同時也提升自我生命的價值。不論對方是否接受你的幫助，感激與否。想想看，如果每一個人都幫助另外一個人，世界將變得多麼和諧與美好！當然，我們每一個人也都會得到別人的幫助。

所有善於做人者都有一個共同的特性——他們都懂得如何有效地與別人打交道。有些人在這方面有可貴的直覺，他們學到了這方面的技能。人們應當懂得如何去影響別人的思維方式，任何事情的失敗，常常都可以歸結為與他人打交道的失敗。

對於我們生存的這個世界來說，人是最寶貴的。對於生存於世的每一個體來講，人也是最重要的。只要你生存在這個世界上，不管你願意與否，你都必須和人打交道，如今再沒有人能夠到森林山洞裡去隱居，去忍受魯賓遜式的孤獨生活。為了讓自己的努力換來更大的成功，我們離不開社會環境，離不開周圍的人。

任何人際關係，無論是私人交往，還是業務關係，如果它是以成年人的互利觀念來支配的話，對雙方來說只會有益。你為別人提供急需的東西，人家也會滿足你的需求。

米歇爾是一位年輕的演員，剛剛在電視上嶄露頭角。他英俊瀟灑，很有天賦，演技也很好，一開始時扮演小配角，現在已成為主要角色演員。從職業上來看，他需要有人為他包裝和宣傳以擴大名聲。因此他需要一家公關公司，為他在各種報刊雜誌上刊登他的照片和有關他的文章，增加他的知名度。不過，要建立這樣的公司，米歇爾拿不出那麼多錢來。

偶然的一次機會，他遇上了莉莎。莉莎曾在紐約一家最大的公關公司工作很多年，她不僅熟知業務，也有較好的人緣。後來她自己開辦了一家公關公司，希望最終能夠打入有利可圖的公共娛樂領域。但是最初一些比較出名的演員、歌手及夜總會的表演者都不願和她合作，她的生意主要還是靠一些小買賣和零售商店。

米歇爾和莉莎兩人一拍即合，米歇爾成了她的代言人，而她則為米歇爾提供露面所需要的經費，他們的合作達到了最佳境界。米歇爾是一名英俊的演員，在時下的電視劇中出現，莉莎讓一些較有影響的報紙和雜誌把焦點放在他身上。這樣一來，她自己也變得出名了，很快地一些有名望的人也開始與她合作，他們付給她很高的報酬。

而米歇爾，不僅不必為自己的知名度花大筆的錢，而且隨著名聲的增長，也使自己在業務活動中處於一種更有利的地位。

通過莉莎和米歇爾的相互合作，我們可以看到這樣一種格局：米歇爾需要求助於莉莎，獲得為自己作宣傳的開支；莉莎為了在她的業務中吸引名人，需要米歇爾作自己的代言人。你看，他們互相滿足了對方的需要，這一原則看來是如此的簡單明瞭，雙方都得到同等的滿足。

每個人都渴望實現自己的人生目標，但是如果不善於借助別人的幫助，不善於給需要幫助的人幫助，是難以成功的。因此最有智慧的做人之道是——「助人亦助己」。如果你不相信這一點，甚至嘲笑這一點，那麼你早晚會成為一個假聰明的人。

多結交比自己優秀的人

要和人相識，並不像想像的那麼困難，就算要結交地位較高的人也是如此。尤其是年輕人，可以無所顧慮地和地位較高的人親近。

美國有一位農家少年，在雜誌上讀了某些大實業家的成功故事後，很想知道得更多細節，並希望能得到他們對年輕人的忠告。

有一天他跑到大城市，希望能遇見幾位企業家大老闆，面對面與他們請教成功背後的方法。在一般人眼裡，這或許是魯莽又愚蠢的行為，但少年很幸運，恰好遇見一位準備去渡假的老闆，由於暫時沒有工作纏身，少年的熱情又引起了他的興趣，於是他並不介意花一些時間與少年聊聊，最後兩人相談甚歡，他很喜歡這位純真的少年，便開了一張推薦名單，讓少年帶著去拜訪其他企業友人，從中尋求忠告與建議。

因為這張署名的推薦名單，少年得以見到許多他從沒想過的大人物，而這個不平凡的經歷對少年日後的人生產生了莫大的變化。

少年在成年後放棄了農家生活，一個人到都市闖蕩，最後開拓了屬於自己的事業，同時秉持當初遇見貴人的經歷，持續與更多優秀的企業人士往來，向他們學習，同時鞭策自己繼續向上提昇。

年輕的男女都能直率地表達崇拜英雄的心意，可是年紀一大，就會將這種心意隱藏起來。但是隱匿崇拜英雄的心意是錯誤的。應當與你所崇拜的人親近，這才是良策。這不但能使對方感到高興，而且會鼓勵你，增加你的勇氣。

懷特是美國印第安那州小鄉鎮上的鐵道電信事務所的新雇員。十六歲時他便決心要獨樹一幟，二十七歲時他當上了管理所所長。後來，先是西部合同電信公司，接著成為俄亥俄州鐵路局局長。

當他的兒子上學就讀時，他給兒子的忠告是：「在學校要和一流人物結交，有能力的人不管做什麼都會成功……」

你也許會覺得這句話太庸俗。但請別誤會，把有能力的人作為自己的榜樣並不可恥。朋友與書籍一樣，好的朋友不僅是良伴，也是我們的老師。

與偉大的朋友締結友情，跟第一次就想賺百萬美元一樣，是相當困難的事。這原因並非在於偉人們的出群拔萃，而在於你自己容易忐忑不安。

年輕人之所以容易失敗，是因為不善於和前輩交際。第一次世界大戰中法國的陸軍統帥費迪南·福煦曾說過：「青年人至少要認識一位善通世故的老年人，請他做顧問。」

不少人總是樂於與比自己差的人交際，這的確很值得自慰。因為藉此，在與友人交際時，能產生優越感。可是從不如自己的人當中，顯然是學不到什麼的。而結交比自己優秀的朋友，能促使我們更加成熟。

我們可以從劣於我們的朋友中得到慰藉，但也必須獲得優秀朋友給我們的刺激，以助長勇氣。

大部分的朋友都是偶然得來的，我們或者和他們住得很近，因而相識；或者是以未曾預料的方式和他們相識了。結交朋友雖出於偶然，但朋友對於個人進步的影響卻很大。交朋友宜經過鄭重地考慮之後再決定。

總之，事業成功的人，有賴於結交比自己優秀的朋友，才能不斷促使自己力爭上游。

讓別人喜歡，其實很簡單

人們總是對自己所愛與尊敬的朋友，發自內心地關懷他們，期盼他們能幸福安樂。如果不能秉持這種心情，你也就無法取悅對方。

取悅人們的心理，誰都會有，然而，在人與人交往的實際場合，真能知曉如何取悅他人者，並不多見。

事實上，你可以通過掌握一些簡單、自然、平常和易學的技巧，成為一個受人喜愛的管理者。

1.平易近人，輕鬆自如

也就是說，在別人和你打交道的時候，不要讓人有一種緊張感。一個平易近人的人很好相處，而且言談舉止都很自然。他會營造一種舒適、愉快、友好的氛圍，和他在一起，不會像戴著一頂破舊的帽子、踩著一雙破爛的鞋子、穿著一件寬大破舊的袍子一樣，尷尬難堪。

一個表情僵硬、冷漠、毫無反應的人，是難以融於一個集體之中的，而他往往是一個桀驁不馴的、不合群的「怪咖」，讓人確實不知道該如何和他打交道，你也難以揣摩他的內心世界，不知道他會對你的言行做出怎樣的反應。這樣的人要討人喜歡，確實不是一件容易的事情。

2.善解人意，體貼別人

一個體貼別人的人，總是設身處地為別人著想，不讓別人緊張、拘束，更不會讓別人尷尬難堪。據說，莎士比亞就具有善解人意的神奇能力。在和人交往的過程中，他就像一條變色龍，能根據交往對象的不同特點，隨著時間、地點的變化，進行應變。

文學批評家威廉·哈茲里特指出：「莎士比亞完全不具有自我，他除了不是莎士比亞之外，可以是其他任何人，或是任何別人希望他成為的人。他不僅具備每種才能以及每一種感覺的幼芽，而且他能藉著每一次的命運改換，每一次的情感衝突，或每一次的思想轉變，本能地預料到它們會向何方生長，而他就能隨著這些幼芽延伸到所有可以想像得出的枝節。」

3.仔細分辨別人的意圖、動機、心情、感受和思想

也就是說，一個社交能力強的人，必定是會盤算的人，他們會考慮到自己行為的後果，會盤算別人的可能行為，會計算自己的利益和損失，而所有這些盤算，都是在相關因素可能變動的情況下做出的。

因此，只有認知能力較高、善於察言觀色的人，才能在複雜多變的情況下，做出這些盤算來。這種人際交往智慧每個人都具有，關鍵是怎樣使之不斷增強，怎樣把它們在生活中發揮出來。

4.不斷克服自身的弱點

如果你不是和別人打交道很輕鬆自如的人，建議你對自己的性格做一些研究。一定要注意，不要把別人不喜歡你的原因歸結到別人身上。相反的，你應該在自己身上找原因，而且要下決心找到解決問題的方法。

要做到這一點，就必須非常誠實，敢於解剖自己，甚至還需要一些性格方面的專家的幫助。那些在你的性格方面的所謂「不利因素」，或者說「弱點」，可能是你多年的生活習慣養成的，也可能是由你年輕時候的生活態度發展而來。或許，你還一直把它們作為「自衛」的武器來使用，殊不知，它們卻在無意之中傷害了別人。

不管這些性格「弱點」是如何產生的，只要你對它們進行科學的分析，意識到進行性格優化的重要性，通過一套對性格進行轉變的訓練，你是完全可以克服這些弱點的。

在一個人的性格轉變過程中，學會為別人祝福是非常重要的。因為當你為別人祝福的時候，你就是在調整自己的心態，改變對別人的態度。這樣，你和別人之間的關係就提升到了一個新的高度。

以心換心，以愛換愛。當你向別人表露出最美好的感情時，別人也會向你表露出最美好的感情。當這種最美好的感情彼此相遇並且融合在一起時，一個更高層次上的相互信任、相互理解也就建立起來了。

如果你已經走完了人生的一大半，卻還沒有建立起和諧的人際關係的話，你不要認為一切都不可能改變，你應該採取明確的步驟去解決這一問題。只要你願意為此付出努力，完全可以改變自己，成為一個受人喜愛、受人尊敬的人。

或許可以用下面這句話來讓我們共同警醒：一個人的最大悲劇，是用一生的時間來為自己的過錯掩飾和開脫。我們本來是做錯了，卻為它辯護，文過飾非，死不認賬，死不改悔。就像一台LP唱盤上放置了一張有缺陷的唱片，當唱針陷入唱片的凹槽時，它會反復播放同一音調。你必須把指針從唱片的凹槽中拿出，這樣，你就不會再聽到不和諧的音調，而會聽到旋律優美的歌曲。

所以，不要再浪費時間去為你在人際關係方面的失誤作辯解，而要把這些時間用於完善自身的性格，去贏得別人的友誼。因為和諧的人際關係是成功生活的最重要的條件。

5. 尊重別人，自我克制

你尊重別人，別人也會尊重你；你喜歡別人，別人也會喜歡你。讓別人喜歡你，實際上，這就是你喜歡別人的另一個方面。美國著名學者威爾．羅傑斯曾說過一句很有名的話：「我從沒遇到一個我不喜歡的人。」這句話或許有一點誇張，但我相信，這對威爾．羅傑斯來說並不為過。這是他對人們的感覺，正因為如此，人們也都對他敞開心懷，就像花兒對太陽敞開心房一樣。

當然，有時也會因為彼此意見不同，使得要喜歡某個人格外的困難，這是很自然的事。但是，我們知道，每一個人確實都有他值得尊重的地方。

在人際交往中，尊重別人的人格是贏得別人喜愛的一個重要因素。人格，對每個人來說，都是最重要、最寶貴的。對每一個人來說，他都有這樣一個願望，那就是使自己的自尊心得到滿足，使自己被瞭解、被尊重、被賞識。

如果我不尊重你的人格，使你的自尊心受到傷害，當時，你或許會一笑了之，但是，我卻嚴重地傷害了你。事實上，如果我表示出了對你的不尊重，即使你當時對我還是很友善，但是，假使你不是一個修養極高的人，你以後是不會很喜歡我的。這樣，我就「贏得了戰場，而輸掉了戰爭」。

相反，如果我滿足了你的自尊心，使你有一種自身價值得到實現的感覺，那麼，這表明我很尊重你的人格。我幫助你獲得了自我實現，你也會為我所做的一切表示感激。你對我有一種感激之情，你會因此而喜歡我。

一些高明的管理者是精於此道的。為了籠絡人心，贏得別人的擁護和支持，他們絕不輕易傷害別人的自尊和感情。一位政治評論專家指出：「許多政客都能做到面帶微笑和尊重別人，有位總統則不止如此。無論別人的想法如何，他都會表示尊重。他會盤算別人的心思，並且能掌握這些心思的動向。」

不要降低別人的人格，不要傷害別人的自尊心，因為，只有尊重別人，別人才會喜歡你。你滿足別人的精神需求，別人才會滿足你的精神需求。

一個人必須要有自我克制的能力，對和自己打交道的人千萬不要表示出不耐煩。對某些人，你可能是特別的不喜歡，甚至是特別的討厭。但是，你不要感情衝動，只要冷靜一點，盡可能地把這位令你生氣的人的優點、過人之處列舉出來，你就會克制自己的感情。

如果你每天力圖列舉一點，久而久之，你就會驚奇地發現，你原來以為不喜歡的那個人，竟然會有那麼多的值得人喜愛的地方。在發現了他的可愛之處後，你就會猛然覺得自己沒有理由討厭他。當然，在你對別人有這些新發現的過程中，別人也在對你有許多新發現，也會發現你的許多可愛的地方。

第五章

人生就在進退之間

人生就像馬拉松

人生猶如一段「長跑」，緊緊跟住某一個人，把他當成你追趕的目標超越！

想想田徑場上的長跑比賽，我們就可以悟出一些做事的道理。比賽開始，眾人齊奔，難分先後，但到了中途，選手們都會跟上某位對手，然後在恰當的時機突然加速超越，跟上另一位對手，再不斷超越，如此一路衝至終點。

長跑，尤其馬拉松比賽，是一種體力與意志力的比賽，而意志力尤勝過體力，有些人體力還夠就因為意志力不足而退出了比賽；也有人本來領先，卻在不知不覺中慢了下來，被後面的選手趕上。

跟住某位對手就是為了避免這種情形的發生，並且利用對手來激勵自己：「別慢了下來！」也提醒自己：「別衝得太快，以免力氣過早耗盡！」另外也有解除孤單的作用。

你如果觀察馬拉松比賽，便可以發現，選手們剛開始是先形成一個個小集團，然後才分散成二人或三人的小組，過了中點後，才會慢慢出現領先的個人！

所以，人生其實不就是一段「長跑」嗎？既然如此，那何不學習一下長跑選手的做法，跟住某一個人，把他當成你追趕的超越目標！

不過，你要找的「對手」應是有一定條件的，不能胡亂去找。

你應以周圍的同事或同學為目標，當然，你要找的目標一定要「跑」在你前面，但也不能跑得太遠，因為太遠了你不一定追得上，就算能追上，也要花很長的時間和很多的力氣，這會讓你跑得很辛苦，而且挫折太多。

「對手」找到之後，你要進行綜合分析，看他的本事到底在哪裡？他的成就是怎麼得來的？平常他做事的方法，包括對他的人際關係建立、個人能力提升等，都要有所瞭解。研究之後你可以學習他的方法，也可以涌過自己的方法下功夫，相信很快就會取得成效——慢慢地你就有機會和他並駕齊驅，然後超越他！

等超越現在的「對手」後，你可以再找到另一個「對手」，並且再超越他！如此不斷，你一定能領先他人。即使拿不到冠軍，也不至於被很多人甩下。

不過你得注意一個事實，在長跑裡，跟住一個對手並不一定就可以超越他，可能你跟上了他，他發現後幾大步就把你甩在後頭了！做事也是如此，好不容易接近對手，他又把你拋在後面了。

當你處於這種情形時一定不要灰心，因為這種事難免會碰到，碰到這種情形，如果能跟上去，當然是要跟上去，如果跟不上去，那實在是個人的條件問題，勉強跟上去，只會提早耗盡體力。

那麼這樣不是白跟了嗎？不！因為你「跟住」對手的決心和努力，已經讓你在這「跟隨」的過程中激發出了潛能和熱力，比無對手可跟的時候進步得更多、更快！而經過這一段「跟隨」的過程，你的意志受到了磨煉，也驗證了自己的成績和實力，這將是你一輩子受用的本錢！

當然也有可能你找到了對手，但就是一直跟不上去，甚至還被後面的人一個個超越過去，這實在令人難堪。碰到這種情形，還是要發揮比賽的精神，跑完比賽比名次更重要，就怕半途退出，失去奮勇向前的意志，這才是人生最悲哀的一件事！

受人攻擊意味著你的重要

在馬拉松裡，你會找尋對手作為目標，同樣的，其他選手也會以你為目標，當他試圖超越你時，就是一種「攻擊」，當你受到攻擊，也表示你有超越的價值。

在比賽之外，任重道遠的人也往往是最受人攻擊的目標，這種情況幾乎在每個行業都一樣，這正說明了你的價值所在。

隨著人生的成功、事業的發達，你可能不會再為日常生活中的柴米油鹽和孩子的學費發愁，也不再像事業初創時期那樣的疲於奔命，這時，又一個讓你惱火的事情撲面而來，那就是在社會上、在你的周圍、在你的生活圈內，關於你的謠言四起，攻擊你的語言風起雲湧。

面對種種謠傳，你該怎麼做？

謠言是一種語言暴力，但你絕對不能因此而生氣，更不能大動肝火，因為隨之起舞，你就不像一個成功人士，起碼，在處理這個問題的時候，你只像一個普通的小人物。

要知道，受人攻擊意味著你的重要。

我們都知道，已卸任的美國前總統柯林頓，因為跟陸文斯基的事情東窗事發，在全世界人面前都可以吹鬍子瞪眼的他有多麼狼狽不堪。他在大法官面前那個可憐模樣，想起來都讓人覺得可笑。

有時候我們想想，不就是婚外情嗎，這在美國那樣的開放社會，算得了什麼？

在美國，如果你是一名普通人，發生了跟柯林頓類似的事情，估計最壞的結果也就是跟妻子說聲「再見」，絕不會弄得在全世界人面前出醜。但他是總統，事情就不能這麼簡單。在美國，最受人批評、指責與嚴厲攻擊的人，不是歹徒，也不是罪犯，而是美國的頭號人物——總統。

我們每天都能在報紙上發現某明星又跟自己的第八任丈夫離婚了，某國的領導人因為涉嫌貪汙被抓起來了，某球星在一家牙醫診所補了一顆牙齒，某歌星嫁給了外國富豪……等等。世界上每天要發生多少事情，但媒體卻始終圍著這些公眾人物打轉，道理很簡單，就因為他們是公眾人物。這些人應該都是在某個領域取得了成功的人，既然爬到了高處，自然就得體會「高處不勝寒」的滋味。

在影視界，有關知名演員的批評最多，他們受到的攻擊也最多，而那些初出茅廬的演員，卻能夠躲避批評與指責。

在軍隊中，高級將領通常都被傳言弄得焦頭爛額，幾乎無法忍受，但一個普通士兵絕不會有此煩惱。

當你日益位高權重，你就應當預期到會有更多的批評與指責落到你的身上。當人們把你攻擊得體無完膚時，你應當把它當作是你「繼續在成長」的一個必然現象。

或許，在你開始創業的時候，你的潛意識中就是想做一個出人頭地的公眾人物，就是想成為人群的中心。所以，既然你已經是公眾注意的焦點人物了，那就應當有接受攻擊的心理準備。然後，不要理會那些攻擊，繼續做你自己的事情，而且要越做越好。

那，你就贏定了！

與主管的相處之道

在現代管理體制中，下屬被管理者按制度劃分成不同的單元，而當他們面對兩個或兩個以上管理者的交叉管理或者是重複管理時，就會感到無所適從，這個時候下屬有必要學一學回避或拒絕的方法。

1. 不要做和事佬

有人請你做公事上的「和事佬」，你其實有不少應留意的要點。

部門主管之間，有太多微妙的關係存在，大部分是亦敵亦友的。無論私交如何要好，在老闆面前，競爭自然免不了。今天，某甲跟某乙像最佳搭檔，很有可能幾天後，兩人反目變成仇人。

所以，某些人可能為了某些目標，希望化干戈為玉帛，以方便日後做事。但親自出面又太唐突，於是便找來「和事佬」。本來使人家化敵為友是一件好事，但做好事之餘，請做些保護自己的工作，亦即是給自己的行動定一個界限。

例如有人請你做「和事佬」，你不妨只做飯約的說客，或作為某些聚會的發起人，但不宜將責任全往頭上冠，反客為主。你最好對雙方面的對錯均不予置評，更不宜為某人去作解釋，告訴他倆「解鈴還須繫鈴人」，你的義務到此為止。

對公司、上司不滿，永遠大有人在。遇上有同事來訴苦，大指某人有意刁難他，或公司某方面對他不公平，應該既關心同事的利益，又置身事外。

2.不要忍氣吞聲

如果你的上司經常朝令夕改，讓人不知所措，實在讓人有「左右為難」的感覺。

究竟上司這種態度的動機是什麼？有些人的確是優柔寡斷，偏偏有的上司就是有這種性子，加上他地位比你高，自然是改變初衷也無歉意。

在這種情況下，最好什麼行動都遵照他的旨意，只是既然有了「隨時改變」的心理準備，凡事未到最後期限，就不必切實執行。例如做計畫書，只做好草稿，隨時再做加減，就是比較聰明的做法。

要是你發現上司這種態度原來是故意的，目的在挫你的銳氣或是弄權，那該怎麼辦？在適當的時候，做出某些反應吧！例如，你遵照上司指示，做妥了一個計畫書，呈給上司時，他竟然力指計畫書之不足，不妨這樣說：「一切都是依你意思去做的呀，還有什麼要改的呢？」

3.不要做夾心餅乾

兩位經理大鬥法，你是中間人物，應該如何應付呢？最大的可能性是，兩人都希望拉攏你，卻又不能太露骨，在言詞上表達，或在工作上給甜頭，聰明的你當然明白其用意。但同時，你是不可能一直裝蒜下去，必然要表明立場，否則會被視為牆頭草，那就更不妙了。

那麼如何抉擇呢？要順利踏上青雲路，你當然也得選擇自己要走什麼路。例如決定朝業務發展的方向走，自然是倚向業務經理那一邊，當他把你當心腹，自然會對你好好的。但你的難處就是，要令另一位經理不至於把你視作眼中釘，給自己樹大敵，埋下定時炸彈。所以，你在業務經理面前，最好只著重聽他的指示，不隨便提意見，尤其是不要講另一位經理的壞話。同時，在後者面前，要有意無意間表示你只是人在江湖，並非針對他本人。

如果有舊上司親自來找你，表示希望你回巢。你本來與舊上司合作愉快，所以立刻心動起來，奉勸你先分析清楚。

你必須現實，因為這是保護自己的唯一方法。例如對方給你的條件怎樣？薪水是否比現在高出百分之十或以上？職稱是否比你現在的要高？權力究竟怎樣？有名無實是最要命的！

遇上人事問題，你的態度最好保持中立。

例如有別的主管犯了大錯，公司的高層人員大為震驚，又開會又討論的，而且老闆還可能私下召見你，問你各方面的意見，就是其他部門主管（受牽連的與不受牽連的），也有可能找你談。這種種情況，你都不能夠回避，需要好好的面對。

聰明的你，最好是耍太極，這樣不明，那樣不知，最後還補充說：「老闆，你究竟對整件事有何見解？我倒想跟你學習觀察觀察。」這樣，既保護了自己，又沒有傷害別人。

當人際轉為人事

當公司有晉升機會時，各種小道消息都會在公司蔓延。

那麼，在面臨這樣的機會時，蠢蠢欲動的你要不要主動找上司反映自己的願望，提出自己的要求呢？這常常是人們為之苦惱的事情。因為，如果不去要求，很可能會失去機會；如果去要求，又擔心上司會認為自己過於自私，爭名奪利，究竟該如何辦呢？

其實，實事求是地向上司反映情況，提出自己的渴望和要求，絕不屬於自私和爭利的範疇，而且是十分正當的。在平等的機會面前，我們每個人都有權利去獲得自己應該得到的東西。

而且，作為上司來說，由於其時間和精力有限，不可能完全瞭解每個人的情況，有時也可能會被一些表面現象蒙蔽。既然如此，我們為什麼不可以主動幫助上司瞭解情況，以便他做出更為公允和明智的決定呢？相反，如果你不去反映情況，只會自己對不起自己。

然而，在這裡也應該注意一個問題。眾所周知，每一次的晉級名額常常是非常有限的，僧多粥少不可能人人有份。在這種情況下，如果要向上司主動提出要求，最好事先做一番調查，並就部門的各個人選做一番分析，而且還須掌握一定的方式方法：

1. 不能過分謙讓

有個人仙逝後欲進入天堂去享受榮華富貴，於是就去排隊領取進入天堂的通行證。由於他不善競爭，後面的人來了直接插在他前面，他卻保持沉默，絲毫沒有任何反抗或不滿，就這樣等了若干年，他仍排隊在末尾，始終未得到他想得到的東西。

這個故事對我們深有啟發。人世間處處充滿著競爭，就社會來講，有經濟、教育、科技的競爭，有就業、入學的競爭。就晉升來講也不例外，在通向金字塔頂的道路上，每一步都是競爭的足跡。對同一職位的覬覦者不止你一個，因此當你瞭解到某一職位或更高職位出現空缺，而自己完全有能力勝任這一職位時，保持沉默絕非良策，要學會爭取，主動出擊，把自己的想法或請求告訴上司，往往能使你如願以償。

作為下屬，向上司提出請求時應講究方式，不能簡單化。宜明則明，宜暗則暗，宜迂則迂，這要根據上司的性格、你與上司以及同事的關係、別人對你的評價等因素來定。

2. 預先提醒上司

在正式提出問題和上司討論之前，做出一兩個暗示，表明你正在考慮這件事，這樣就不會在你和他正式談及此事的時候發現他毫無準備了。你可能認為這只會給他時間搜羅理由拒絕你的要求，但是請記住，你的目的並非要去贏得一場辯論，而是要使上司確認給予你提升是出於對大局利益的考慮。假如上司有所保留的話，你應該瞭解其中原因（在瞭解以後，你也許會發現，你選擇了錯誤的職業，或是這家公司並不適合你）。

3. 選擇適當時機

選擇時間非常重要，把你的要求作為工作日的第一份報告呈交給上司往往很難奏效。通常，應該在上司情緒好的時候這樣做。如果他的愉快是你的業績引起的，那就更妙了。

4. 用事實證明你的業績

與其告訴上司你工作是多麼努力，不如告訴他你究竟做了些什麼。可以試著用一些具體的數字，尤其是百分比來證明你的實績；同時，要避免用描述性的形容詞或副詞。比如，不要說：「我與某某公司做成了一筆生意。」而說：「我與某某公司做成一筆一百萬元的生意。」這也就是說，盡可能地讓事實替你說話。

最好的方法是簡單地寫一份報告給上司，總結一下你的工作。如果你這麼做，白紙黑字，數量詳盡，就能使他及時瞭解你的業績，而且日後也能查閱，同時，也就用不著去說那番聽起來使人覺得你自吹自擂的話了。

5. 向上司指明提拔你的好處

不可否認，這並非是那麼容易做的，因為你是申請人，上司則是決策者。

假如要謀求提升，還可以指出權力的擴大會使你為上司完成更多的工作，更有效地處理你手頭上的事情，而如果想得到加薪或別的要求，那麼你可以告訴他，這樣能讓別人認識到出色的工作是會得到獎賞的。要使人信服地認可你的提升會使他得到好處，你確實需要動一番腦筋，但是努力多半是不會白費的。

6.不要要脅

下屬的要求一旦遭到拒絕，轉而用離職或不辭而別來要脅上司的做法，往往會引起上司的不滿。縱然上司屈服於威脅了，上下級關係卻失去了信任感，而要使信任感恢復原狀，即使可能，也是十分艱難的。

人事變動前的「熱身」活動

很多時候，上司需要經過他人在言語或行為上的提醒，才能觸發起升職的念頭。當你瞭解上司是這種被動的人之後，與其期望他對你主動做出升職的安排，還不如好好為自己的將來動腦筋來得實際。

為自己創造升遷機會之前，必須先做好一些必要的熱身工作：

1. 讓上司依賴你

多花些時間搜集有關工作的資料，遵守公司的規則，多找些機會與上司接觸。久而久之，上司已經習慣於依賴你的工作能力，你就奏響了獲得晉升的前奏。

2. 發揮各方面的才能

別老是專注於一項工作的專長，否則，上司為了怕找不到合適人選替代你的位置，就不會考慮到有關你的升遷問題。雖然專心投入工作是獲得上司賞識的主要條件，但除了做好本身的工作外，也要讓他知道，你具有各個方面的才能。在其他同事放大假時，你可以主動提出替同事處理事情。這樣做，一則可以從中學到更多東西，二則證明你對公司有歸屬感。

3.與上司建立友誼

這是不容易做到的。特別是異性之間，太過親密反而會使同事產生誤會，從而對前途有害。不過，你不要奢望上司會對你付出真正的友誼，他只是需要感到你的友善罷了。然而，能夠達到這一目的，也就足夠了。

4.瞭解公司的制度

先瞭解公司的晉升制度，才能有明確的為之奮鬥的目標。一般來說，公司的晉升制度有以下幾種：

第一種：選舉晉升。以一小撮人選出某人的晉升，人事關係的因素較大。

第二種：學歷晉升。上司深信，學歷高的人會為公司帶來更大的利益。

第三種：交叉晉升。是指由一個部門升級到另一個部門。

第四種：超越晉升。是指由於貢獻特大，從而獲得較大幅度的提升。

以上所列，是大多數公司中的普遍晉升制度。每一家公司都有其晉升制度，如果你所在的公司是以循序漸進的方式晉升的話，那就很不走運了。儘管你很有才幹，也得熬上多年，才能期望得到一個較大的晉升機會。對於一個有才幹的人來說，在這種晉升制度的環境下工作，才能會得不到充分發揮。

因此，積極進取和自信的人，應選擇可以超越晉升和交叉晉升的公司，挑戰性比較大，個人的發展前途也比較光明。在一個理想的環境之下，遇到公司有高職位的空缺，如果你對這個職位有興趣的話，可以參考下列方式進行操作，這對你獲得晉升會大有裨益。

1.瞭解誰有資格勝任該職位

所謂知己知彼，百戰百勝。雖然瞭解別人並不一定必勝，但是最低限度，你能由此知道，需要擁有什麼條件才能獲得晉升，從而為了晉升機會做好準備，打下基礎。

2.讓上司知道你對該職位有興趣

在表明意願的時候，最好能提出具體證明，說明你有足夠的資格勝任那個位置，對公司做出更大貢獻。這似乎有點令人難為情，但實際上，不少上司為了選擇合適人選而大傷腦筋，你這樣做是在給他解決難題。正如毛遂自薦那樣，也需要具備一定的自我推銷能力。過分含蓄和謙虛，在現代社會是吃不開的，往往會成為前途的絆腳石。

3.讓上司知道你將對公司做出貢獻

不要讓上司覺得你只是在考慮晉升後能得到什麼報酬，這一點很重要。上司最擔心也最討厭那種一味追求個人私利的人，他們覺得這種人過於自我，實際上也是華而不實，沒有多少能力。假如把這種人提升到較高職位的話，只會給公司帶來不利影響。

因此，你應該讓上司感到你並不是那種單純追名逐利的自私之輩，而是有很強的事業心和責任感。讓他覺得你之所以想得到較高職位，是為公司的前途和利益著想，是為了實現自己的事業心。

4.不因結果而沮喪

儘管晉升的人選最終落在了別的同事身上，你的每一個表現，都看在別人的眼中。因此，你要表現出大將風度，不以一城一地之得失而或喜或悲，應把眼光放長遠些，為下一個晉升機會的來臨做出準備。

用耐心把冷板凳坐熱

有一個公司職員，剛進公司時很受老闆賞識，但不知怎的，他感到自己好像被老闆「冷凍」起來了，他也不知道自己到底犯了什麼錯誤。整整一年，老闆不召見他，也不給他分配重要的工作。他只好忍氣吞聲地待著，就這樣過了一年，老闆終於又召見他，並且提升了他，給他加了薪！同事們都很佩服他，說他把冷板凳給坐熱了。

人為什麼會坐上冷板凳呢？其中的原因確實很複雜，例如：

1.自己本身能力不佳

自身能力有限，只能做一些無關緊要的事，但也沒差到必須讓人開除的地步。因此，老闆和同事感到此人可有可無，當然不可能重用此人了。

2.經常出錯或錯誤嚴重

在社會上做事不比在學校裡求學，出了錯向老師認錯，然後再加以改正就好了。雖然工作中不可能不出錯誤，但如果你總是出錯，或者犯的錯誤太大，讓公司遭受的損失太重，這樣就會讓老闆和同事對你失去信心，他們害怕冒更大的風險，所以只好暫時把你擱置一邊！

3.老闆或上司有意考驗

一個人要想做成大事，必須有勇氣去面對挑戰，有耐心面對繁雜的工作，同時也要有身處孤寂的韌性。對於老闆來說，有時要培養一個人，除了讓下屬多做事之外，也有可能讓他無事可做，一邊觀察，一邊訓練。而且這種考驗老闆事先不會讓你知道，知道就算不上考驗了。

4.人際關係的影響

只要你處於一個團隊之中，就要面臨人際關係的問題，要像做好自己的工作一樣處理好與老闆和同事的關係。而且有些團隊關係複雜，小人險惡，這種地方你就得更加小心。如果你不善鬥爭，就很有可能莫名其妙地失勢，並坐上冷板凳。

5.大環境發生了變化

俗話說：「時勢造英雄。」很多人的發跡是由於一時的環境所致，因為他的個人條件適合當時的環境，可是時過境遷，英雄無用武之地了，這時候他只好坐冷板凳了。

6.上司的個人好惡

這種情況沒什麼好說的，也沒什麼道理可講，反正上司或老闆突然不喜歡你了，你也沒轍，只好坐冷板凳，等到他慢慢開始喜歡你。

7.冒犯了自己的老闆或上司

如果你的老闆或上司寬宏大量，他可能對你的冒犯不大在意。但人都是有感情的，如果你在言語或行為上冒犯並惹惱了上司，你就有可能坐冷板凳。

8.威脅到老闆或上司的地位

如果你能力太強，又過於表現自己，你的上司或老闆就會失去安全感，他們害怕你出頭，怕你對其位置形成威脅，老闆怕你奪走商機去創業，上司怕你奪了他的位置，冷板凳不給你坐給誰坐？

其實，坐冷板凳的原因還有很多，不必一一列舉。問題是有些人一坐上冷板凳後，不去仔細思考其中的原因何在，只知道整日抱怨、意志消沉，長此下去，反倒害了自己。其實，與其坐在冷板凳上自怨自艾、疑神疑鬼，還不如調整好自己的心態，用行動向他人證實自己，用耐心好好把冷板凳坐熱。下列意見供你參考：

1.提高自身的能力

當你得不到重用時，正好可以利用這一時機廣泛收集各種資訊、吸收各種知識，以此增強自己的實力。一旦時運到來，你便可躍得更高，顯得更加耀眼！在你坐冷板凳期間，別人也許正在觀察你，如果你自暴自棄，恐怕要坐到屁股結冰了也難以翻身。

2.為人謙卑，建立良好的人際關係

很多人都有一種落井下石的劣性，當你坐上冷板凳後，你的朋友可能同情你，想辦法幫你；但那些平時對你不滿之人這時可能要高興了，他們巴不得你永遠站不起來！所以當你身處不利時，要學會以一種謙卑的態度廣結良緣，切莫提當年之勇，那已經對你沒有意義，而且「當年之勇」也會使你更加感到自己「懷才不遇」，只會徒增自己的苦悶而已！

3.更加敬業，一刻也不要疏忽

儘管你坐上冷板凳後平時所做的事可能微不足道，但也要一絲不苟地做給別人看！別忘了，很多人都在冷眼旁觀，給你打分數，如果你做得很好，他們也無話可說了。

4.學會克制與忍耐

一個人要有韌性，也要有忍勁。能忍受閒氣、忍受他人的嘲弄、忍受寂寞、忍受不甘沮喪，忍受黎明前的黑暗，忍受虎落平陽被犬欺……你在忍給自己看，也忍給別人看！

如果能做到以上幾點，相信你一定會把冷板凳坐熱。不管你因為什麼原因坐上冷板凳，你都可以採用這一機會好好訓練自己的耐性，磨煉自己的心志。冷板凳都坐熱了，你

就沒什麼好怕的了。如果坐不住冷板凳，那麼你可能就正中某些人的下懷，或者被人看輕

——除非你毅然換掉自己的工作！

該跳槽時就跳槽

當在一個公司感覺處境不妙時，不但無用武之地，可能連開展正常工作都很困難；或是覺得「廟」太小，無法學到更多有用的東西，只會埋沒自己的才華。那麼，就不要再浪費時間和精力，做出跳槽的準備，付諸行動。

或者，雖不是你主動跳槽，而是被「炒魷魚」，也以自己主動跳槽般的心情接受它，另尋發展機會。

堅信「天生我材必有用」、「樹挪死，人挪活」的信念，該跳槽時就跳槽。

1.處境不妙的徵兆

⑴莫名其妙地調動你的崗位。你的工作一直做得不錯，上司卻突然調動你的職位，而且僅以一個「工作需要」的模糊理由來搪塞你的疑問。

⑵重要工作沒有你的份。也許你一直承擔重要的工作，但現在卻派給別人去做，把你撇在一邊。

⑶讓別人參與你職責範圍的工作。並不是為了減輕你的工作負擔，而是有意要讓別人

取代你。

⑷犯小錯卻重罰。本來可以提醒注意的小過失，你過去的經歷中或者同事都沒因這類過失而受罰，現在卻「認真」地處罰你。

⑸該獎勵的事不了了之。按常規該表揚或獎勵的成績，上司卻似乎「忘記」了。如果出現上述現象，說明上司對你不再信任，也不會重用你，甚至想趕你走。對於一些不是「老闆」說了算的公家機關，上司可能在用這些辦法「溫柔」地逼你辭職。

2. 被解雇時怎麼辦

⑴坦然接受事實。一旦老闆決定解雇你，局面已非你能力所能挽回，因此不論你花費多大的心思阻止事情發生，也是徒勞無益，倒不如坦然接受事實。當壞消息來臨時，痛苦難免，但是犯不著讓痛苦吞噬了你，要有勇氣為自己安排後路，為有尋求新的發展機會而自慰。

⑵適當追問被解雇的理由。這對你再去尋找工作極有幫助。在你的追問下，如果不是因效益而正常裁員，老闆會提出幾條理由的，可能你工作上出了問題，或是與周圍同事沒搞好關係。知道被解雇的原因，可以加以改正，以免在新的公司重蹈覆轍。

⑶大膽爭取正當權益。如果老闆不按解雇政策保障的相關權益對待你，應大膽地爭

取，比如給予一定的找工作時間（工資照發），按合約規定行事，享有勞健保等等。如果解決不了，可以找勞工局處理，直到訴諸法律。

⑷不要有「破壞」行為。有的人被解雇後很氣惱，想報復一下，如破壞生產用具，給一些老客戶散布對公司不利的謠言，出賣公司的內部情報，竊走一些機密資料，諸如此類的「破壞性」行為不要做，弄不好，老闆會讓你吃官司的。

3.主動辭職的技巧

⑴目的一定要明確。因為什麼原因而辭職，一定要想清楚。是因為混不下去，還是有更好的工作在等著自己？如果有更好的工作在等著自己，一定要認真評估一下，你棄舊圖新的目的是什麼？是為了獲得更多的收入，還是為了獲得更為綜合的發展？弄清楚自己的目的以後，再來比較一下舊工作與新工作哪個更能滿足你的目的，然後再決定是否要主動辭職。

⑵找出說服上司放你走的「正當理由」。如果以收入低或無用武之地為辭職理由，由於傷了上司的自尊心，可能會故意「卡」你。因而一定要找出一個「正當理由」，讓上司感到確實難以拒絕而他也辦不到，就只好同意。比如，以收入低為理由時，就要把你家庭經濟困難的程度渲染一下，讓他覺得他無法幫你解決困難，而不得不讓你去尋找更高收入

的工作。

(3)不要以失敗者的形象辭職。有的人因為犯了錯誤而覺得沒有臉在這個公司待下去，於是就想趕緊走人了事。這種辦法雖然可以擺脫困境，但對日後的求職或工作有不良影響。人們會說：「他是在某公司沒臉混下去了，才來我們這裡的。」這等於又給自己製造了一個非常不愉快的工作環境，比在原公司好不到哪裡去。因此，有失敗紀錄的人，要硬著頭皮堅持一段時間，等別人漸漸忘了自己的失敗以後，再走也不遲。

(4)自動離職。這是跳槽者應盡量避免的方式。所謂自動離職是指本人固執己見地離開工作崗位。一般表現為曠工超過規定時限，或要求留職停薪及辭職未獲公司同意而擅離職守。

4. 跳槽求職的技巧

跳槽具有某些特殊性，用人單位除與招聘新人員一樣注重各方面能力外，還特別重視你在原單位的工作情況、人緣關係，以及你跳槽的原因、目的、希望等。針對這種特殊性，跳槽求職者就更要注意幾點：

(1)要突出過去的工作成績。過去的工作成績可以反映你的工作水準和能力大小。任何單位都希望得到一個工作出色、精明能幹的人。

⑵要中肯地說明跳槽動機。在說明跳槽動機時，應強調自己在原單位工作上和生活上的困難，如夫妻兩地分居、小孩上學太遠等等，絕不能讓對方感到你在原單位是工作不稱職，或是不會處理人際關係。

如果給對方造成你是被拋棄的印象，求職肯定會以失敗告終。反之，要是能讓對方看到你在原單位正擔負著重要的工作，人家就會對你感興趣。

⑶態度誠懇，不卑不亢。切勿低三下四乞求於人，更不能顯露饑不擇食的情緒，特別是對工資高、福利好的單位。

競爭是光明磊落的比賽

現代社會宣導競爭機制，這就使得許多人成為你的競爭對手。而這些「競爭對手」，就是你的最大「敵人」。他們時時對你存有威脅，使你處於不安之中，一旦你稍不留心，他們就會乘虛而入，損害你的利益，甚至使你陷入人生的絕境之中。但是，我們要學會「愛」他們，和他們友好相處，達到人際交往的最高境界。

競爭無處不在、無所不在，商場中充滿競爭，官場中充滿競爭，情場上也充滿了競爭。我們與競爭對手之間，由於彼此利益的衝突而存在著難以逾越的鴻溝，但是，這並不意味著我們就必定或只能以不共戴天的姿態和爾虞我詐的狀態交往。

因為，你與競爭對手往往有著相近的素質和共同的追求，而且在競爭中彼此有了較為深入的瞭解。這些異中之「同」，使得你們更會產生惺惺相惜的感情，像古代俠客一樣「英雄惜英雄」；像現代國家關係一樣產生「戰略夥伴關係」。所以，如果你與競爭對手能夠做到求同存異、強調共識，並以此為出發點肯定對方、欣賞對方，你們就可以在競爭中化敵為友，友好地相處。

不過，一般而言，對於自己的「敵人」，人們總是以「恨」字當頭。若沒有他，我就是下任部門經理了；若不是他，女友就會對我一心一意，我也不用老是擔心女友會離我而去；若不是他，我就是乒乓球賽的冠軍……這些想法令我們咬牙切齒，不恨都不行。

以上這些都是錯誤的想法，是「愛」敵人的最大障礙，我們一定要棄若敝屣，代之以正確的競爭意識。

什麼是「競爭意識」？是爾虞我詐、弱肉強食、詭計多端嗎？非也，競爭，是一種光明磊落地公開比賽，需要努力超越對方，也需尊重對方，坦誠以待。

競爭的終極目的不是打敗對方，而是最大限度地表現自己。根據心理學的觀點，競爭是自我實現、獲取他人和社會承認的內在心理需要。人人都想最大限度地發揮自己的潛能，人人都想比別人做得更出色，人人都想獲得比別人更多的鮮花和掌聲，所以產生了競爭。

既然如此，競爭的精髓就在於盡力發掘自己的潛能，令自己的表現最大化、最優化，而不是想方設法令別人表現失常、敗筆不斷。

如果把競爭比做兩個人賽馬，正確的競爭就是訓練好自己的馬，並保持良好的狀態，爭取在比賽中奔馳如飛；而錯誤的想法是，想使別人的馬跑得慢，用陷阱甚至投毒，傷害別人的馬，影響馬的奔跑速度。

認清競爭的本質所在，就能保持良好的競爭心態，正道直行，運用智慧和策略而不是陰謀去贏得勝利。要記住，競爭不是和別人比，而是和自己比，是對自己的考驗，任何不正當的競爭，都是對自我的否定和侮辱。

奧運會的各項比賽，都是源於人類對自我的挑戰和磨煉，是人類對自己體能極限的挑戰和磨煉。但是現在，許多運動員借助各類興奮藥品，欺騙對手和觀眾，也欺騙自己，令人為之可恥、可悲，最終落得身敗名裂、自毀前程的可悲下場。對不良競爭意識的最佳詮釋和揭露，大家應引以為戒。

除了正確理解競爭意識外，我們還應該培養良好的競爭態度。良好的競爭態度，包括以下幾個方面：

1. 與對手坦誠以待

體育比賽中最驚心動魄的，莫過於拳擊比賽，拳擊比賽仿佛就是你死我活、血與肉的搏鬥。

拳王阿里一度稱霸拳壇多年，在他的回憶文章裡，記載了許多感人至深的行為。幾位曾經是阿里手下敗將的年輕選手，賽後找到阿里，請教如何出好勾拳。阿里退掉了已經訂好的飛機票，手把手地教他的對手，並把如何才能打敗自己的拳法也悉數教給對方。

這種做法，許多人都感到大為不解，記者們也蜂擁而至，為此事對阿里進行求證和採訪。阿里則坦然地解釋說：「誰若能戰勝我，那就說明拳擊事業已經有了發展，這是我終身不變的追求——發展拳擊事業。」

阿里無疑地獲得了人們的稱譽和讚美，而在這些讚美之中，最難能可貴的是他的對手們給予他的。

競爭不是什麼壞事情，它可以帶來進步的活力，使勝利者繼續前進，使失敗者奮起直追；使強者得到鼓勵，使弱者得到鞭策。最終使我們獲得共同的發展和進步，所以，應保持一個真誠的態度，友好面對你的競爭對手。

2.與人競爭時不可抱有敵視他人的態度

在競爭中對他人懷有敵意、憤怒、煩躁以及挑釁，會使你失去心理平衡，導致人體整個免疫功能下降，甚至使人精神崩潰。

相反地，對人友善，和競爭對手保持友好的關係，寬以待人，誠懇處世，則會使人健康、完美，保持人體的愉快和安適。

你的敵視會引發相應的反感情緒，從而使雙方的競爭關係變得更加具有對立性和仇視性，最後陷入不良競爭的惡性循環。

3.學會誠懇地競爭

首先，不要虛偽做作，誠懇地看待自己的長處與短處，既不矯情造作，也不文過飾非。另外，還要誠懇地對待別人的優點與成績。不必嫉妒和眼紅別人，也不必降低人格去阿諛逢迎別人，更不必為他人設置障礙和陷阱，阻止別人獲得成功。

其次，要善意地對待別人在事業上出現的失誤和行為上的不足之處，不能惡意地嘲諷譏笑別人。在失敗的對手面前擺出一副趾高氣揚、不可一世的姿態，只會說明自己無知、才能淺陋及德行卑劣。

最後，應當具有執著追求的品質，不應輕易放棄和鬆懈。

應當把自己的眼光緊緊地盯在事業的價值上，不斷超越自我，完成對自我的實現，而非僅僅通過戰勝對手來取得別人的認可和讚美。

在自我實現的過程中，具體的競爭對手只是階段性的存在而已，絕不能因為勝過這些具體的人而滿足、滯步不前。競爭，不是一時的譁眾取寵，不是為了某些眼前的蠅頭小利，而是為了實現自我價值的最大化，顯示自我的能力和風采。

保持良好的競爭態度，才能學會「愛自己的敵人」，而要真正化解敵意，還需要防止競爭中的一大忌——嫉妒。

《三國演義》裡的周瑜才智過人、多謀善斷，有不少優點。但是，他有一個最要命的缺點，那就是嫉妒心太重。當他發現世上有一個比他更聰明的諸葛亮時，便心生妒火，欲除之而後快。不料，諸葛亮神機妙算，使周瑜屢屢失策，兩人鬥法的結果是，周瑜「賠了夫人又折兵」，終於抑鬱成疾，引發「金瘡崩裂」，臨終時仰天長歎：「既生瑜，何生亮！」一氣結而亡。

因為競爭不過別人，竟嫉妒至死，真令人可歎可惜，想來你不會像周瑜那麼傻吧！亡了命，還給後人留下一個氣量狹窄的話柄。

如何在職場做強做大

在競爭越發激烈的社會裡，對優秀員工的素質要求越來越高。有發展前途的員工不僅是技術專家，還需精通一些領導藝術；不僅要勝任卓有成效的工作，還要和團隊在同心協力中完成既定目標，並時時準備迎接新的挑戰。

優秀員工應具備八種關鍵素質才能使你在職場做大做強：

1.胸懷坦蕩

不斤斤計較個人得失，能諒人之短，補人之過。善於傾聽不同的意見，集思廣益。善用一種包容和關懷的工作方式。對集體取得的業績看得比個人的榮譽和地位更重要。

2.團隊的凝聚力

未來的企業更需要團隊組建者和信念傳播者——即能夠與所有團隊成員建立良好關係，是一個具有企業忠誠理念的人。

3.感染力和凝聚力

能用言傳身教或已有的業績，在領導層和員工中不斷增強感染力、凝聚力的人。這種人在公司中，通過自身的感染力來影響大家，堅定大家的信念。

4.「做大夢」的能力

能夠對領導階層提出的眾多議題，展現出自己新穎的思想、具建設性的意見或建議，把握好前進的方向，不斷培養自己帶領大家超越現實。

5.同情心

在工作中，努力去瞭解別人，並學會尊重別人的感情。選擇人們普遍接受和認可的方式，用一顆博大的仁愛之心贏得眾人的支持。

6.預知能力

技術和全球化要求人們在工作中擁有新技巧、新能力和新的做事方式，以應對市場的瞬息萬變。這就需要有創新精神和預知能力。

7.醫治能力

對於一個優秀員工來說，當工作出現重大變故時，能像一位成熟的外科主治醫師那樣及時醫治是非常了不起的。

8.建立網路能力

只有建立公眾行銷網路，溝通協調好社會各界關係，才能不斷拓展生存發展空間。

在職場中把事業做大做強是許多人的追求目標，但如果你在追求目標時不得其法，可能就會走一些彎路。那麼，在職場中把事業做大做強有哪些正確的途徑呢？

1.發現自己的職業興趣

一個人只有在從事他所熱愛的職業，並能充分發揮自己的能力時，才能更快地取得成功；而成功是在職場中把事業做大做強的基礎。所以，他應該清楚地瞭解自己，找準自己的位置，找出符合自己的職業興趣、能充分發揮專長的職業。

2.尋找快速成長的行業

如果你在一個處於下坡趨勢的行業裡，你顯然難以長久地在職場中把事業做大做強。所以，你應該就你的職業方向進行研究，尋找快速成長的行業。

3.進入具有高績效的企業

你要設法對你想要進入的企業進行瞭解。比如：它的組織結構是否合理、員工素質怎樣、技術是否領先、產品在市場上的前景怎樣、企業是否為員工提供長遠的發展空間等等。

4.在崗位上做出業績

在職場中把事業做大做強根源於個人工作的高績效，企業付給員工薪水，就是期望員工完成工作條件所規定的職責。但如果你能做出更高的業績，你就能獲得比別人更高的薪水，也就能在職場中把事業做大做強。

5. 使你的績效可見化

有的工作因為難以量化，或者有時因為管理者的忽視，績效不錯卻未必能得到相應的報酬，也就使你難以把自己的職場事業做大做強。比如，你協助主管完成了一個專案的規劃，但後來隨著專案的終止，主管很可能會忘記你在這項工作中的出色表現。因此，在創造績效的同時，要力圖使績效可見化。比如，為自己建立績效清單，內容包括任務內容及目標、任務結果等，在年終考核面談時，作為爭取較高績效評估的有力證明。

6. 成為企業不可缺少的人

你應該時時關注企業的發展趨勢，瞭解行業的最新動態，並且思考企業在未來的發展趨勢中，需要什麼技術或才能，以便及早準備，使你的個人價值在持續挑戰中水漲船高，使自己成為企業需要的人才。這樣，你就能把職場事業做大做強。

即使是死敵見面也要握手

羅伯特是加州一個水泥廠的老闆，由於經營重合約守信用，所以生意一直很好。但前不久另一位水泥商萊特也進入加州進行銷售。萊特在羅伯特的經銷區內定期走訪建築師、承包商，並告訴他們：「羅伯特公司的水泥品質不好，公司也不可靠，而且有倒閉危機。」

羅伯特解釋說，他並不認為萊特這樣四處造謠能夠嚴重傷害他的生意。但這件麻煩事畢竟使他非常惱火，畢竟誰遇到這樣一個沒有道德的競爭對手都會憤怒。

「有一個星期天的早晨，」羅伯特說，「牧師講道的主題是『要施恩給那些故意跟你為難的人』我當時把每一個字都記了下來。也就在那個下午，萊特那傢伙使我失去了一份五萬噸水泥的訂單，但牧師卻叫我以德報怨，化敵為友。第二天下午，當我在安排下周活動的日程表時，我發現我住在紐約的一位顧客，正因新蓋一幢辦公大樓而要批數目不小的水泥。而他所需要的水泥型號不是我公司生產的，卻與萊特生產出售的水泥型號相同，同時我也確信萊特並不知道有這筆生意。」

「我做不成你也別做！」商業競爭的殘酷性本來就是你死我活，理所當然應該保密。這是經商之人的普遍心態，更何況萊特那混蛋還無中生有，四處中傷羅伯特。

但羅伯特的做法卻出乎常人的意料。

「這使我感到左右為難，」羅伯特說，「如果遵循牧師的忠告，我應該告訴他這筆生意。但一想到萊特在競爭中所採用的卑劣手段，我就……」

羅伯特的心理掙扎開始了。

「最後，牧師的忠告占據了我的心，我想以此事來證明牧師的對錯。於是我拿起電話撥通了萊特辦公室的號碼。」

我們可以想像萊特拿起話筒瞬間的驚愕與尷尬。

「是的，他難堪得說不出一句話來，我很有禮貌地告訴他有關紐約那筆生意的事，」羅伯特說，「有陣子他結結巴巴說不出話來，但很明顯，他發自內心地感激我的幫助。我又答應他打電話給那位客戶，推薦由他來提供水泥。」

「那結果又如何呢？」有人問。

「喔，我得到驚人的結果！他不但停止散佈有關我的謠言，而且同樣把他無法處理的生意也交給我做。現在嘛，加州所有的水泥生意已被我倆壟斷完了。」羅伯特有些手舞足蹈。

「不要報復，化敵為友」，無疑是羅伯特在對付萊特這一過程中取得的最寶貴經驗。報復是甜美、快意的。給小人以迎頭痛擊，想來該是多麼痛快。但請注意，那是上帝的特權，不是你的特權。既然你已在想像中嘗過報復的甜美，就趕快丟掉它。

羅伯特當初不就曾想用一袋水泥砸碎萊特那肥胖的腦袋嗎？

在商業競爭中，如將自己的時間和精力浪費在向別人報復的過程中，你只會與成功失之交臂。報復是一把雙刃劍，在傷害對手的同時，也不可避免地傷及自己，甚至更為厲害。這樣對你的聲望同樣沒有任何幫助，不知內情的旁觀者還容易對你產生誤會。

進行報復，就證明你已在對手面前失去冷靜，失去冷靜的人必然失去理智。失去理智的老闆又怎能在變幻的商海中審時度勢，做判斷準確的導航呢？同時，對手也會明白他的所作所為已經傷害到了你。你對他的報復將會使他給你更大的報復，使你蒙受更大的損失。你要消耗更多的時間來進行自我防衛，這樣便陷入了漫長的拉鋸戰之中，你又如何在商場中把握機會、謀求發展呢？

你更應該明白的是，你的報復只會讓自己降低到對手的水準，抄襲他的戰鬥方式是不會有好結果的！

商界老闆應時時提醒自己：在這個圈子裡，其目的就是要讓自己的公司發展壯大，實力增強。縱然商場如戰場，但畢竟不是快意恩仇的江湖：一言不和，拔刀相向！

對待類似於小人的競爭對手，你最有效的方式不是避免謠言，澄清自己，而是對他置之不理。

當然，你如果有「退一步海闊天空」的胸襟，一定會取得跟羅伯特一樣驚人的效果。

那就是——伸出你的手，去握對手的手！

面對坎坷的職場路

在我們的職業生涯中，總希望能一帆風順，功成名就。然而，職業生涯道路並不平坦，競爭的坎坷和挫折幾乎不可避免。一旦發生危機，就會導致我們整個生涯失衡，影響我們的發展和進步。所以我們必須學習和掌握應付危機的方法：

1. 沉著應戰

危機的發生，有的是自身原因，有的是外界原因，還有的是內外混合的作用。當你處於不利地位時，如能穩定陣腳，保存實力，還有許多轉敗為勝的契機。在危機面前，消極等待絕對沒有出路，沉著應戰才有扭轉頹勢的可能。

以下是沉著應戰的三點原則：

⑴知己知彼。首先一定要知道，危機產生的外部原因是什麼，目前已經達到了什麼程度，未來將會達到什麼程度，最終將對個人產生怎樣的後果，與危機有聯繫的外部環境有什麼變化，有無推動或抑制的外部力量等。

要瞭解這些，就要先冷靜地觀察現狀，設法把問題的癥結找出來，經過一番整理之後，任何複雜的情況都可以理出個頭緒來。

然後冷靜地分析自己，找出自己陷入危機的個人原因，對自己目前處境造成的影響有多大，最終將導致什麼結果，自己有無克服危機的能力和條件等。

(2)訂一套應變策略。既然已經瞭解危機的內情，就很容易訂出一套應付危機的策略。應變策略是在分析危機形勢的基礎上，制定出來的完整的方式步驟。形勢不同，策略也不同。

進的策略：知難而進，迎難而上，不回避矛盾，在競爭中扭轉局勢。

這是一種積極主動、以攻為守的策略，必須是危機產生的原因和影響不在於自己一方，而在於對立的一方。從眼前看，雖然自己處於劣勢地位，但能找到對方的弱點，果斷地迎頭反擊，很快就能轉劣勢為優勢，掌握主動權。

退的策略：在強勢面前，以退為守，保存實力，待機反擊。

陷入危機，莽撞出擊不但不能取勝，反而會遭到更大的打擊，喪失東山再起的資本和機會。這種情況下，就要有甘願受辱的韌性，避免與對手直接交鋒，採取明哲保身的戰術。跌倒了並不可怕，關鍵是要積蓄力量，重新爬起來。在危機已不可挽回時，不要計較一時一地的失利，讓自己作一時半餉的喘息，恢復一下元氣，應該說是較佳的選擇。

斡旋的策略：在危機並不嚴重的情況下，消除危機。

如老闆不信任自己，但也不想辭退自己時，可以採用不即不離、不冷不熱的態度，與之周旋以保持現狀，打持久戰，等待和尋找機會改變局面。要知道，斡旋的餘地，就是生存的空間。在這個空間裡，定能得到鍛煉和考驗。

既不進攻，又不退卻，實質是又進攻又退卻，進攻中有退卻，退卻中有進攻。進是為維護自己的利益；退是為了防止更大的害處。在斡旋中求生存，積累力量，尋找機會，是走出危機的前奏。

(3)做到有理、有力、有節。當不競爭不足以擺脫困境的時候，應戰是成功的祕訣。沉著應戰的表現，就是有理、有力、有節。全面分析把握事物的性質，從中找出有利於自己的部分，看看屬於自己的這些理由，是否能站得住腳，是否能辯倒對方。據理雄辯，才能使對方只有招架之功，沒有還手之力。即使不能完全走出困境，也可以減輕危機帶來的痛苦，還會使自己得到鍛煉，並贏得社會聲譽。

當然，這種行動需要勇氣和理智，這是對人格、才智、氣魄的考驗。如果沒有理，卻硬要辯出三分理來，就叫胡攪蠻纏，只會越搞越糟。只有抓住理，才能把握住轉敗為勝的契機。

2.修正缺點

完美的人不是不犯錯誤的人，而是能夠不斷修正錯誤、使自己日趨完善的人。危機的發生，內在因素是主要的。別人能把自己打倒，但只是暫時的，長期打倒自己的只會是自己。

在陷於危機時，不僅要分析導致危機的外在原因，更要好好反省主觀方面的原因。如果不能吸取失敗的教訓，即使能夠走出困境，以後也難免重蹈覆轍。而糾正缺點需要勇氣，也需要智慧：

⑴作一次盤點。冷靜對自己的思想言行作一番清理，像清查帳目一樣，虛實盈虧、來龍去脈、優點缺點都逐條列出一份清單，寫在紙上，一目了然，以便總結經驗教訓，找出解決危機的方案，順利地度過難關。

⑵亡羊補牢。在受到損失之後，想辦法補救，免得以後再受損失。經過自我盤點，你應該對你的優缺點有清楚的認識，也能夠找出發生危機的具體原因。發現問題不是目的，目的是解決問題，也就是要做好亡羊補牢的工作。

無論是主觀原因，還是客觀原因，危機對自己的前途都是不利的，也是人生中的挫折。這時，抱怨外界和悔恨自己都是無益的。因為這無助於危機的解決。有益的努力，就是要認真地反省過失，吸取失敗的教訓，把痛苦的教訓當作改正缺點的契機。對於自身主觀原因造成的危機，要有決心和勇氣改變。要爭取擺脫或改善不利環境，以免招致更大的災難。

⑶校正生涯方案。職業生活是你職業生涯的基礎，因此，職業生活的變故，必然影響整個生涯面貌。在遭遇危機以後，你是否還能對原來的職業生活充滿信心呢？對此，一定要具體分析。

一般而言，危機會影響職業生涯的正常運轉，也可能由此而改變整個生涯軌跡。但是，在挫折面前，你不能不認真地重新審視主客觀條件，進而校正未來生涯的方案。過去不可追，未來尚可為。

在任何情況下都不能放棄對未來的信心。從大處著眼，根據具體情況作判斷。不要指望生涯一馬平川，無風無浪。要充分認識到，生涯就是挑戰，有鮮花，也有荊棘；有坦途，也有險灘。生涯是變幻莫測的，但命運掌握在你自己手裡。人非聖賢，孰能無過？在生涯的道路上，誰都會有馬失前蹄的時候，如能積極地吸取教訓，修正錯誤，就不失為聰明人的做法，也就能有利於競爭。

3. 作最壞打算

危機有輕重之分。輕者，經過努力可以轉危為安，無礙你的前途；重者，雖百般努力仍難以擺脫困境。任何一種危機都有一定的危害性，估計不足、掉以輕心，你就可能承受不住現實的嚴酷打擊。因此，在危機來臨時，作最壞的打算，就等於築起一道心理防線，有助於你克服輕率莽撞的心理。

在突然來到的打擊面前，很多人難免會悲觀或失去信心，事實上，與其這樣胡思亂想，還不如乾脆承認這是最壞的情況，結果反而會輕鬆得多。因為只要一想到現在的情況是最糟糕的，以後再也不會比這更糟糕了，那麼，心理上就會安定下來。這種心理變化乃是促使事態好轉的原動力，能使你恢復自信，排除困難。

作最壞的打算，不是一味地退縮忍耐，束手無策，而是通過認清形勢，增加心理承受能力，做破釜沉舟式的抗爭。海頓教誨學生時說：「不得意時，只要把頭抬起來，不但能變成得意，而且還能變成大得意呢！」

你如果想擺脫困境，或期望從不如意的境地走出來，就不應忘記「不得意才是大得意的轉機」這一道理，使之成為強有力的自我暗示手段。只要具有強大的精神後盾，就能增添奮鬥的幹勁。

這等於說，在萬分危急之下，只有背水一戰才能成功。如能在面臨危機時，下意識地斷絕自己的退路，把自己置於只能前進、後退無路的狀態下，常常可以扭轉劣勢，獲得最大的成功。

應付危機需要鬥智鬥勇，對戰勝危機不能心存僥倖。因此。要有應付災難的準備，以免災難臨頭時不堪一擊，導致徹底失敗。作最壞的打算，關鍵是「打算」，在最壞的情況出現時，你打算怎麼辦？

不同的人會有不同的設計方案，但最重要的一點是，不能簡單地就表示絕望，在某種情況下，必須要堅持到底才對。凡事不能先行畏怯，失去信心。倘若鬥志與意志都喪失，那就無可救藥了。

如果以積極的態度去籌畫未來，結果可能會是另一個樣子。要想到，災難雖然是客觀存在的，但天無絕人之路，等待也好，掙扎也好，只要一息尚存，就有機會。

記住，任何情況下都不可心灰意冷。哀莫大於心死，只要心不死，你便有希望。

進退之間

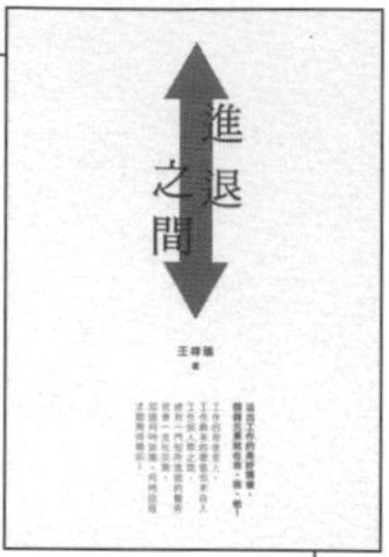

作　　者	王祥瑞
發 行 人	林敬彬
主　　編	楊安瑜
編　　輯	黃谷光
內頁編排	詹雅卉（帛格有限公司）
封面設計	王雋夫（樂意設計有限公司）
出　　版	大都會文化事業有限公司
發　　行	大都會文化事業有限公司 11051台北市信義區基隆路一段432號4樓之9 讀者服務專線：(02)27235216 讀者服務傳真：(02)27235220 電子郵件信箱：metro@ms21.hinet.net 網　　址：www.metrobook.com.tw
郵政劃撥	14050529 大都會文化事業有限公司
出版日期	2013年11月初版一刷
定　　價	250元
ISBN	978-986-6152-94-8
書　　號	Success 069

First published in Taiwan in 2013 by Metropolitan Culture Enterprise Co., Ltd.

4F-9, Double Hero Bldg., 432, Keelung Rd., Sec. 1, Taipei 11051, Taiwan
Tel:+886-2-2723-5216　Fax:+886-2-2723-5220
Web-site:www.metrobook.com.tw
E-mail:metro@ms21.hinet.net

◎本書如有缺頁、破損、裝訂錯誤，請寄回本公司更換。

國家圖書館出版品預行編目資料

進退之間 / 王祥瑞著. -- 初版. -- 臺北市：大都會文化,
2013.11
　256 面；21×14.8 公分.

ISBN 978-986-6152-94-8（平裝）

1. 職場成功法　2. 人際關係

494.35　　102021338

大都會文化　讀者服務卡

書名：**進退之間**

謝謝您選擇了這本書！期待您的支持與建議，讓我們能有更多聯繫與互動的機會。

A. 您在何時購得本書：______年______月______日

B. 您在何處購得本書：____________書店，位於____________(市、縣)

C. 您從哪裡得知本書的消息：

1.□書店　2.□報章雜誌　3.□電台活動　4.□網路資訊

5.□書籤宣傳品等　6.□親友介紹　7.□書評　8.□其他

D. 您購買本書的動機：（可複選）

1.□對主題或內容感興趣　2.□工作需要　3.□生活需要

4.□自我進修　5.□內容為流行熱門話題　6.□其他

E. 您最喜歡本書的：（可複選）

1.□內容題材　2.□字體大小　3.□翻譯文筆　4.□封面　5.□編排方式　6.□其他

F. 您認為本書的封面：1.□非常出色　2.□普通　3.□毫不起眼　4.□其他

G. 您認為本書的編排：1.□非常出色　2.□普通　3.□毫不起眼　4.□其他

H. 您通常以哪些方式購書：(可複選)

1.□逛書店　2.□書展　3.□劃撥郵購　4.□團體訂購　5.□網路購書　6.□其他

I. 您希望我們出版哪類書籍：（可複選）

1.□旅遊　2.□流行文化　3.□生活休閒　4.□美容保養　5.□散文小品

6.□科學新知　7.□藝術音樂　8.□致富理財　9.□工商企管　10.□科幻推理

11.□史地類　12.□勵志傳記　13.□電影小說　14.□語言學習（_____語）

15.□幽默諧趣　16.□其他

J. 您對本書(系)的建議：

____

K. 您對本出版社的建議：

____

讀者小檔案

姓名：______________ 性別：□男　□女　生日：____年____月____日

年齡：□20歲以下 □21～30歲 □31～40歲 □41～50歲 □51歲以上

職業：1.□學生 2.□軍公教 3.□大眾傳播 4.□服務業 5.□金融業 6.□製造業

7.□資訊業 8.□自由業 9.□家管 10.□退休 11.□其他

學歷：□國小或以下 □國中 □高中／高職 □大學／大專 □研究所以上

通訊地址：____

電話：（H）______________（O）______________ 傳真：______________

行動電話：__________________E-Mail：__________________________

◎謝謝您購買本書，也歡迎您加入我們的會員，請上大都會文化網站 www.metrobook.com.tw 登錄您的資料。您將不定期收到最新圖書優惠資訊和電子報。

進退之間

北區郵政管理局
登記證北台字第9125號
免貼郵票

大都會文化事業有限公司
讀者服務部　收

11051台北市基隆路一段432號4樓之9

寄回這張服務卡〔免貼郵票〕
您可以：
◎不定期收到最新出版訊息
◎參加各項回饋優惠活動

大都會文化
METROPOLITAN CULTURE

大都會文化
METROPOLITAN CULTURE